工程测量实验指导

主　编　崔立鲁
主　审　余代俊

北京理工大学出版社
BEIJING INSTITUTE OF TECHNOLOGY PRESS

内 容 简 介

本实验指导书是为了加强学生动手应用能力而编写的。书中根据《土木工程测量》的讲授内容设置20个实验项目，结合测量理论知识的同时，考虑现有工程测量生产实际，安排实验项目具体内容。通过20个实验项目的实践，使学生初步掌握工程测量基本的仪器操作和基本的作业流程。

图书在版编目（CIP）数据

工程测量实验指导/崔立鲁主编. —北京：北京理工大学出版社，2016.1（2023.1 重印）
ISBN 978-7-5682-1819-1

Ⅰ. ①工…　Ⅱ. ①崔…　Ⅲ. ①工程测量－高等学校－教学参考资料　Ⅳ. ①TB22

中国版本图书馆 CIP 数据核字（2016）第 020107 号

出版发行 / 北京理工大学出版社有限责任公司
社　　址 / 北京市海淀区中关村南大街 5 号
邮　　编 / 100081
电　　话 /（010）68914775（总编室）
（010）82562903（教材售后服务热线）
（010）68944723（其他图书服务热线）
网　　址 / http://www. bitpress. com. cn
经　　销 / 全国各地新华书店
印　　刷 / 廊坊市印艺阁数字科技有限公司
开　　本 / 787 毫米×1092 毫米　1/16
印　　张 / 4
字　　数 / 97 千字
版　　次 / 2016 年 3 月第 1 版　2023 年 1 月第 3 次印刷
定　　价 / 18.00 元

责任编辑 / 陆世立
文案编辑 / 赵　轩
责任校对 / 周瑞红
责任印制 / 李志强

前　言

《工程测量实验指导》是《土木工程测量》的配套教材。工程测量是土木工程、水利工程、工程管理与造价等工程类专业的基础课，同时也是一门对学生实际动手能力要求较高的课程。其中，要求学生熟练掌握工程测量相关仪器以及工程测量作业流程。

本实验指导书就是为了加强学生动手应用能力而编写的。书中将依据《土木工程测量》的讲授内容设置20个实验项目，结合测量理论知识的同时，考虑现有工程测量生产实际，安排实验项目具体内容。通过该20项实验项目的实践，使学生初步掌握工程测量基本仪器操作和基本作业流程。

本教材由北京理工大学出版社组织编写，全书由崔立鲁老师主编，余代俊老师负责审阅。

由于编者水平有限，书中难免存在缺点和错误，敬请读者批评指正。

编　者

目　录

第一部分　测量实验须知

一、实验目的和要求

1. 实验目的

1）培养学生实际操作能力，加深对课程理论知识的理解；

2）熟悉并掌握测绘仪器的构造、性能和操作方法；

3）熟悉并掌握测量数据记录和内业处理的基本方法；

4）通过系统性训练能够将测量理论知识运用到工程实践中；

5）养成科学严谨的学习和工作态度，培养团队协同意识和吃苦耐劳的良好品质。

2. 实验要求

1）测量实验按小组进行，应根据学生和仪器的实际情况分组，一般建议5～6人为一组。每组设置组长一名，负责组织协调实习工作，办理仪器的领取和归还手续；

2）课前应做好准备，包括阅读指定的实验指示书，预习教材中有关章节，准备好必要的作业表格和文具等；

3）实验前要求必须先进行实验预习，了解实验的内容和要求，弄清有关的基本理论和方法，并完成相应的实验预习题，否则指导教师有权拒绝其当前实验课程，并责令其在规定时间内完成；

4）实验课无论在室外或室内进行，都必须遵守课堂纪律，不得无故缺席、迟到、早退，不得擅自改变实验地点；

5）实验课上应认真完成教师所布置的实验任务，听取老师的实验指导，实验的具体操作应按实验指导书的要求和步骤进行；

6）实验中应爱护仪器工具，严格遵守测量仪器使用规范。实验中出现仪器故障、损坏和丢失等情况，必须及时报告指导教师，不得随意自行处理；

7）实验中必须重视记录，严格遵守测量资料记录规则。实验结束时，应把观测记录和实验报告一并上交指导老师审阅；

8）实验过程中应爱护实验场地内的树木花草和农作物，不得损坏。

二、测量仪器的领取和使用

测量仪器多为精密、贵重仪器，对测量仪器的正确使用、精心爱护和科学保养是测量人员必须具备的素质和必须掌握的技能，同时也能保证测量成果质量、提高测量工作效率和延长仪器使用寿命。因此，在实验过程中使用测量仪器，必须按本规则要求进行。

1．测量仪器的领取

1）领取仪器时，应在指导教师规定的时间内，以小组为单位到指定地点领取仪器和有关工具。仪器和工具均有编号，领取时应当场清点检查，如仪器或工具有缺损，可以报告实验室管理员给予更换；

2）仪器和工具检查无误后，应在实验设备登记表格上填写以下内容：领取仪器类型、数量、相关工具名称、数量、领取人所在班级、实验项目、领取人签字、领取日期等；

3）离开实验室之前，必须锁好仪器箱并清点好各种工具；搬运仪器工具时，必须轻拿轻放，避免造成损坏仪器；

4）领取的仪器工作，未经指导教师同意，不得与其他小组调换或转借；

5）实验结束后，各组清点所有仪器工具，并清理仪器工具上的污垢，及时收装仪器工具，送还实验室；

6）在实验过程中，发现仪器、工具有遗失或损坏情况，应立即报告指导教师，同时查明原因，填写仪器、工具遗失或损坏情况说明，上交指导教师，并根据情节轻重，给予适当的赔偿或处理。

2．测量仪器的使用

1）在使用过程中搬动仪器，应将上盘制动螺旋松开。对于经纬仪，还要将望远镜竖置，将仪器抱在胸前，一手扶住基座部分，不得将仪器扛在肩上；

2）仪器应尽可能避免架设在交通要道上，在架好的仪器旁必须有人看守；

3）在架设好仪器后，必须检查脚腿螺旋及连接螺旋，是否确认已拧紧；拧动仪器各部件的螺旋，要用力适当，在未松开制动螺旋时，不得转动仪器的照准部及望远镜；

4）工作时不得坐在仪器箱上。在仪器装在箱内搬运时，应该检查搭扣是否扣好，皮带是否安全，不得将两腿骑在脚架腿上；

5）在使用过程中如发现仪器转动失灵，或有异样声音，应立即停止工作，对仪器进行检查，并报告实验室；

6）仪器的光学部分若沾有灰尘，应用软毛刷刷净，不得用不洁及粗糙的布类擦拭，更不得用手擦拭；

7）使用仪器后，均应详细检查仪器状况及配件是否齐全；仪器装箱时应保持原来的放置位置，且将制动螺旋拧紧。如果仪器箱不能盖严，不能用力按压，应检查仪器的放置位置；

8）在使用钢尺时，切勿在打卷的情况下拉尺，并不得脚踩、车压；丈量距离时，应在卷起1～2圈的情况下拉尺，且用力不得过猛，以免将连接部分拉坏；

9）花杆及水准尺应该保持其刻划清晰，没有弯曲，不得用来扛抬物品及乱扔乱放。水准尺放置在地上时，尺面不得靠地；

10）垂球应保持形状对称，尖部锐利，不得在坚硬的地面上乱用乱碰。

三、测量资料的记录

测量数据的记录是外业观测成果的记载和内业数据处理的依据，在观测记录、计算时必须严肃认真，一丝不苟，并应遵守以下规则：

1）实验记录必须直接填写在规定的表格内，不得先用另纸记录、计算，再行转抄；

2）记录和计算须用铅笔书写，不得使用除上述规定之外的笔（如圆珠笔、红/蓝色钢笔）书写；

3）字体应端正清晰，书写在规定的格子内，上部应留有适当空隙，作错误更正之用；

4）写错的数字用横线端正地划去，在原字上方写出正确数字。严禁在原字上涂改或用橡皮擦拭挖补；所有记录的修改和观测成果的废除，必须在备注栏内写明原因，如测错、记错或超限等；

5）禁止连续更改数字，例如改了观测数据，又改其平均数。观测的尾数原则上不得更改，如角度的分秒值，水准和距离的厘米、毫米数；

6）记录的数字应齐全，如水准中的 0234 或 3100，角度的 3° 04′10″ 或 3° 04′00″ ，数字“0”不得随便省略；

7）当一人观测由另一人记录时，记录者应将所记数字回报给观测者，以防听错、记错；

8）记录应保持清洁整齐，所有应填写的项目都应填写齐全。

第二部分　基础性实验

实验一　水准仪的认识和使用

一、预习题

1）水准仪工作原理是通过其提供________________，从而测量两点间的____________。

2）水准器是用来指示_________是否水平或仪器________是否铅垂的一种装置。

3）水准仪的水准器分为________和_______两种。微倾式水准仪安置仪器时，应先调整基座上的_________进行粗略整平，读数前还应调整_________使视线精确整平。

4）微倾式水准仪测得在A点上的水准尺读数为a=1.235 m，B点水准尺读数为b=1.818 m，则两点间高差h=________m，由此可判断A点海拔高度_______B点。

二、实验要求

1．目的

1）了解DS_3型水准仪的基本构造，认识各部件的名称、功能和作用；

2）练习水准仪的安置、瞄准和读数；

3）掌握用DS_3型水准仪测定地面上任意两点间高差的方法。

2．内容

熟悉DS_3型水准仪的操作，每人用变动仪器高法观测与记录2组以上高差。

3．操作步骤

1）安置水准仪。在测站打开三脚架，按观测者身高调节三脚架高度。张开三脚架且使架头大致水平，然后从仪器箱子中取出水准仪，安放在三脚架头上，一手握住仪器，另一手立即将三脚架中心连接螺旋旋入仪器基座的中心螺孔中，适度旋紧，使仪器固定在三脚架头上，防止仪器摔下来。如果地面比较松软，则将三脚架的三个脚尖踩实，使仪器稳定。

2）粗平。粗平是用脚螺旋使圆水准器气泡居中，从而使仪器的竖轴大致铅垂。粗平的操作步骤如图 1.1 所示，图中 1、2、3 为三个脚螺旋，中间是圆水准器，虚线圆圈表示气泡所在位置。首先，用双手分别以相对方向（图中箭头所指方向）转动两个脚螺旋 1、2，气泡移动方向与左手大拇指旋转时的移动方向相同，使圆气泡处于 1、2 脚螺旋连线方向的中间，如图 1.1（a）所示。然后，再转动第三个脚螺旋，使圆气泡居中，如图 1.1（b）所示。

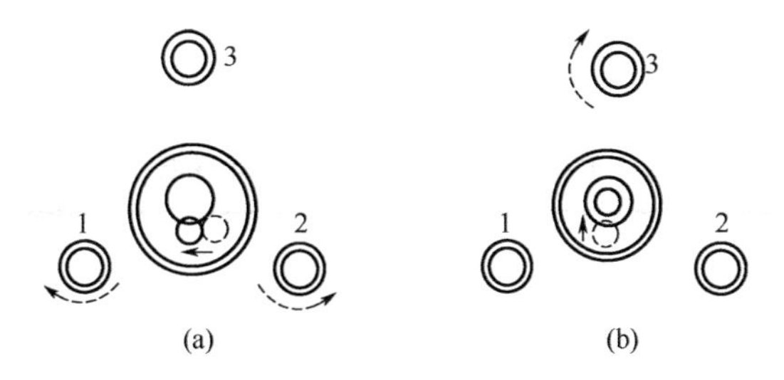

图 1.1　圆水准器整平

3）瞄准。在用望远镜瞄准目标之前，必须先将十字丝调至清晰。瞄准目标应首先使用望远镜上的瞄准器，在基本瞄准水准尺后立即用制动螺旋将仪器制动。若望远镜内已经看到水准尺但成像不清晰，可以转动调焦螺旋至成像清晰，注意消除视差。最后，用微动螺旋转动望远镜使十字丝的竖丝对准水准尺的中间稍偏一点以便读数。

4）精平。读数之前应用微倾螺旋调整水准管气泡居中，使视线精确水平（自动安平水准仪省去这一步骤）。由于气泡的移动有惯性，所以转动微倾螺旋的速度不能快，特别在符合水准器的两端气泡将要影响对齐的时候尤应注意。只有当气泡已经稳定不动而又居中的时候，才达到精平的目的。

5）读数。仪器已经精平后即可在水准尺上读数。为了保证读数的准确性，并提高读数的速度，可以首先看好厘米的估读数（即毫米数），然后再将全部读数报出。一般习惯上是报四个数字，即米、分米、厘米、毫米，并且以毫米为单位。

4．测定地面任意两点间的高差

1）在地面上任意选定 A、B 两个固定点，并在两点上竖立水准仪；

2）在 A、B 两点间安置水准仪，并使仪器到 A、B 两点的距离大致相等；

3）瞄准后视尺 A，精平后读取后视读数 a，记入记录表格中；

4）同理，转动水准仪瞄准前视尺 B，精平后读取前视读数 b，记入记录表格，并计算 A、B 两点的高差 $h_{AB} = a - b$；

5）不移动水准尺，变动仪器高后（高度变化要大于 10 cm），重新测定上述两点间高差，所测高差互差不应超过限差要求，否则应重新测量。

5．限差要求

采用变动仪器高法测得的相同两点间的高差之差不得超过 $\pm 5\,\text{cm}$，否则应重新进行观测。

6．注意事项

1）读取中丝读数前，一定要使水准管气泡居中，并消除视差；

2）观测者读数后，记录者应汇报一次，前者无异议时，记录并计算高差，超限及时重测；

3）每人必须轮流担任观测、记录、立尺等工作，不得缺项；

4）各螺旋转动时，用力应轻而均匀，不得强行转动，以免损坏螺丝。

三、实验报告

姓名：________________　学号：________________　班级：________________

指导教师：____________　日期：________________

表 1.1　水准仪认识实习记录计算表

仪器型号： 观　　测：	天气： 记录：		班组： 成像：				
测站	测点		后视读数	前视读数	高差/m	高差互差/mm	高差平均值/m
	后						
	前						
	后						
	前						
	后						
	前						
	后						
	前						
	后						
	前						
	后						
	前						
	后						
	前						
	后						
	前						

实验体会与建议：

实验二　普通水准测量

一、预习题

1）水准测量路线可以分为哪几种？请详细阐述各种水准路线的基本概念。

2）转点是起＿＿＿＿＿作用的，在转点处应放置＿＿＿＿＿＿并＿＿＿＿＿＿水准尺。

3）水准测量过程中，若将仪器架设在松软的土地上，观测完后视读数以后，隔一段时间再观测前视读数，将会使前视读数变＿＿＿＿＿＿， 测站高差将会变＿＿＿＿＿＿。

二、实验要求

1．目的

1）掌握普通水准测量的观测、记录与计算方法；

2）掌握水准测量校核方法和成果处理方法；

3）熟悉水准路线的布设形式；

4）掌握水准路线高差闭合差的调整和水准点高程的计算。

2．任务

在指定场地选定一条闭合或附合水准路线，长度以安置4～6个站为宜。每个测站采用双面尺法或者变动仪器高法施测，当观测精度满足要求后，根据观测结果进行水准路线高差闭合差的调整和水准点高程的计算。

3．操作步骤

1）选定一条闭合或附合水准路线，用木桩标定待求高程点（即水准点）；

2）将仪器安置于距起点一定距离的测站Ⅰ，粗略整平仪器，一人将尺立于起点即后视点，另一人在路线前进方向的适当位置选定一点即前视点1，设立木桩，并在桩顶面钉一个铁钉，将尺立于其上；

3）瞄准后视尺，精平、读数 a_1，记入记录表格中，转动仪器瞄准前视尺，精平、读数 b_1，记入记录表格中，计算高差 $h_1 = a_1 - b_1$；

4）不移动水准尺，变动仪器高后（高度变化要大于 10 cm），重新测定上述两点间高差 h_1'；

5）将仪器搬至第Ⅱ站，第Ⅰ站的前视尺变为第Ⅱ站后视尺，起点的后视尺移至前进方向的点2，为第Ⅱ站的前视尺，重复第3）、4）步操作，依次获得 a_2、b_2 以及 a_2'、b_2'，得 $h_2 = a_2 - b_2$，$h_2' = a_2' - b_2'$；

6）同样方法继续测量其他待求点，最后闭合回到起点，构成闭合水准路线，或附合到另一已知高程点，构成附合水准路线。

4．限差要求

视线长不超过 100 m，前后视距差小于 ±5 m，高差闭合差 $f_{h容}=\pm 12\sqrt{n}$ mm（山区，n 为测站数）或 $f_{h容}=\pm 40\sqrt{L}$ mm（平地，L 为路线长度，单位 km）。

5．注意事项

1）起点和待测高程点上不能放尺垫，转点上要求放尺垫；

2）读完后视读数后仪器不能搬动，读完前视读数后尺垫不能动；

3）读数时注意消除视差，水准尺不得倾斜；

4）做到边测、边记、边计算检核。

三、实验报告

姓名：__________ 学号：__________ 班级：__________

指导教师：__________ 日期：__________

表 2.1 普通水准测量记录表

仪器型号： 天气： 班组：
观 测： 记录： 成像：

测站	点号	后视读数 a/m	前视读数 b/m	高差 h/m		平均高差/m	高程/m
				+	−		

实验体会与建议：

实验三　四等水准测量

一、预习题

1）请描述一下四等水准测量的观测程序及测站观测程序。

2）试述水准测量时为何要使前后视距相等。

3）对四等水准测量而言，单个测站前后视距差不超过______m，测站视距长度不超过______m，水准线路前后视距累积差不得超过______m。

二、实验要求

1．目的

1）掌握四等水准测量的观测、记录和计算方法；

2）掌握水准路线高差闭合差的调整和水准点高程的计算；

3）学会用双面水准尺进行四等水准测量的观测、记录和计算方法；

4）熟悉四等水准测量的主要技术指标，掌握测站及水准路线的检核方法。

2．任务

采用四等水准测量方法观测一条闭合或附合水准路线，当观测精度满足要求时，进行高差闭合差的调整和水准点高程的计算。

3．操作步骤

1）选定一条闭合（或附合）水准路线，其长度以安置10个以上测站为宜。沿用木桩标定待定点地面标志。

2）在起点与第一个立尺之间设站，安置好水准仪之后，按以下顺序观测：

后视水准尺黑面，读取上、下丝和中丝读数，记入表3.1中（1）、（2）和（3）；

前视水准尺黑面，读取上、下丝和中丝读数，记入表3.1中（4）、（5）和（6）；

前视水准尺红面，读取中丝读数，记入表3.1中（7）；

后视水准尺红面，读取中丝读数，记入表3.1中（8）。

3）测站计算和检核。

① 视距计算与检核。根据前、后视的上、下丝读数计算前、后视的视距：

后视距离：（9）=100×[（1）－（2）]

前视距离：（10）=100×[（4）－（5）]

计算前后视距差：（11）=（9）－（10）

计算前后视距累计差：（12）=上站（12）+本站（11）

② 尺常数 K 检核。尺常数为同一水准尺黑面与红面读数差。尺常数计算公式：

（13）=（6）$+K_i$ －（7）

（14）=（3）$+K_i$ －（8）

K_i 为双面水准尺的红面分划与黑面分划的零点差（A 尺：$K_1 = 4\,687$ mm；B 尺：$K_2 = 4\,787$ mm）。对于四等水准测量，不得超过 ±3 mm。

③ 高差计算与检核。根据前后视水准尺黑、红面中丝读数分别计算该站高差：

黑面高差：（15）=（3）－（6）

红面高差：（16）=（8）－（7）

红黑面高差之差：（17）=（14）－（13）

对于四等水准测量，不得超过 ±5 mm。

黑红面高差之差在容许范围以内时取其平均值，作为该站的观测高差：

（18）={（15）+[（16）±100 mm]}/2

上式计算时，当（15）>（16）时，100 mm 前取正号计算；当（15）<（16）时，100 mm 前取负号计算。

经计算，外业数据合格以后，继续进行下一站的测量工作。

4）依次设站以同样方法施测其他各站。

5）四等水准测量的成果整理。四等水准测量的闭合或附合路线的成果整理首先检验测段（两水准点之间的线路）往返测高差不符值（往、返测高差之差）及附合或闭合线路的高差闭合差。如果在容许范围以内，则测段高差取往、返测的平均值，线路的高差闭合差需反号按测段长成正比例分配。

表 3.1　四等水准测量记录表

<table>
<tr><td rowspan="4">测点编号</td><td rowspan="2">后尺</td><td>上丝/m</td><td rowspan="2">前尺</td><td>上丝/m</td><td rowspan="4">方向及尺号</td><td colspan="2">中丝读数</td><td rowspan="4">K+黑−红/mm</td><td rowspan="4">高差中数/m</td><td rowspan="4">备注</td></tr>
<tr><td>下丝/m</td><td>下丝/m</td><td rowspan="3">黑面/m</td><td rowspan="3">红面/m</td></tr>
<tr><td colspan="2">后距/m</td><td colspan="2">前距</td></tr>
<tr><td colspan="2">视距差/m</td><td colspan="2">累加差/m</td></tr>
<tr><td rowspan="4"></td><td colspan="2">（1）</td><td colspan="2">（4）</td><td>后尺 1#</td><td>（3）</td><td>（8）</td><td>（13）</td><td rowspan="3">（18）</td><td></td></tr>
<tr><td colspan="2">（2）</td><td colspan="2">（5）</td><td>前尺 2#</td><td>（6）</td><td>（7）</td><td>（14）</td><td></td></tr>
<tr><td colspan="2">（9）</td><td colspan="2">（10）</td><td>后−前</td><td>（15）</td><td>（16）</td><td>（17）</td><td></td></tr>
<tr><td colspan="2">（11）</td><td colspan="2">（12）</td><td></td><td colspan="5"></td></tr>
<tr><td rowspan="4">1</td><td colspan="2">1571</td><td colspan="2">0739</td><td>后尺 1#</td><td>1384</td><td>6171</td><td>0</td><td rowspan="3">+0832.5</td><td></td></tr>
<tr><td colspan="2">1197</td><td colspan="2">0363</td><td>前尺 2#</td><td>0051</td><td>5239</td><td>−1</td><td></td></tr>
<tr><td colspan="2">37.4</td><td colspan="2">37.6</td><td>后−前</td><td>+0833</td><td>+0932</td><td>+1</td><td></td></tr>
<tr><td colspan="2">−0.2</td><td colspan="2">−0.2</td><td></td><td colspan="3"></td><td></td><td></td></tr>
</table>

三、实验报告

姓名：＿＿＿＿＿＿＿＿ 学号：＿＿＿＿＿＿＿＿ 班级：＿＿＿＿＿＿＿＿

指导教师：＿＿＿＿＿＿ 日期：＿＿＿＿＿＿＿＿

表 3.2 四等水准测量外业记录表

测点编号	后尺 上丝/m	前尺 上丝/m	方向及尺号	中丝读数		K+黑−红/mm	高差中数/m	备注
	后尺 下丝/m	前尺 下丝/m		黑面/m	红面/m			
	后距/m	前距						
	视距差/m	累加差/m						
			后尺 1#					
			前尺 2#					
			后−前					
			后尺 2#					
			前尺 1#					
			后−前					
			后尺 1#					
			前尺 2#					
			后−前					
			后尺 2#					
			前尺 1#					
			后−前					
			后尺 1#					
			前尺 2#					
			后−前					
			后尺 2#					
			前尺 1#					
			后−前					

表 3.3　四等水准测量成果计算表

点号	路线长 L/km	观测高差 h_i/m	高差改正数 v_{h_i} /m	改正后高差 $\hat{h}_i$ /m	高程 H/m	备注
						已知
						已知
$\sum$						

$f_h = \sum h_{测} - (H_B - H_A) =$　　　　$f_{h容} = \pm 40\sqrt{L} =$

$v_{1km} = -\dfrac{f_h}{\sum L} =$　　　　$\sum v_{h_i} =$

实验体会与建议：

实验四　水准仪的检验和校正

一、预习题

1）由圆水准器轴平行于仪器竖轴可知，当圆水准器气泡居中时，其竖轴处于_________位置。

2）视准轴通常又称为__________，它是指_________和_____________的连线；仪器精确整平后，若由于视准轴不平行于_____________时，视准轴会产生倾斜，由此产生的误差又称为仪器的 i 角误差。

二、实验要求

1．目的

1）了解微倾式水准仪各轴线应满足的条件；

2）掌握水准仪检验和校正的方法；

3）要求校正后，i 角不超过 20″，其他条件校正到无明显偏差为止。

2. 任务

1）水准仪圆水准器轴平行于仪器竖轴的检核与校正；

2）水准管轴平行于视准轴的检验与校正。

3. 操作步骤

1）圆水准器轴平行于仪器竖轴的检验与校正；

① 检验。如图 4.1 所示，转动脚螺旋，使圆水准器气泡居中，将仪器绕竖轴旋转 180°。如果气泡仍居中，则条件满足；如果气泡偏出分划圈外，则需校正。

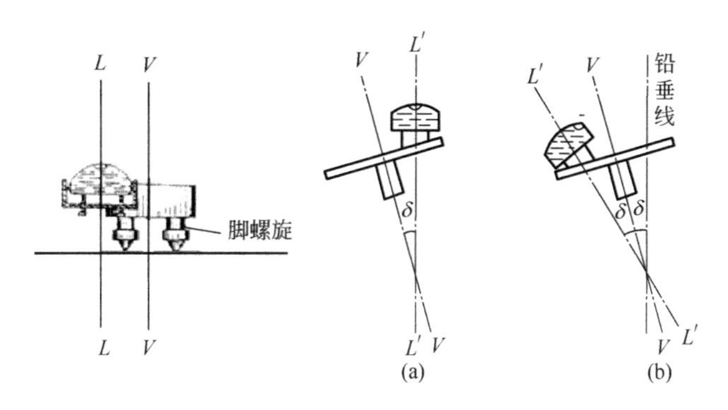

图 4.1　圆水准器的检验

② 校正。先转动脚螺旋，使气泡移动偏移量的一半，然后稍旋松圆水准器底部中央固定螺钉（图 4.2），用校正针拨动圆水准器校正螺钉，使气泡居中。如此反复检校，直到圆水准器转到任何位置时，气泡都在分划圈内为止。最后，旋紧固定螺钉。

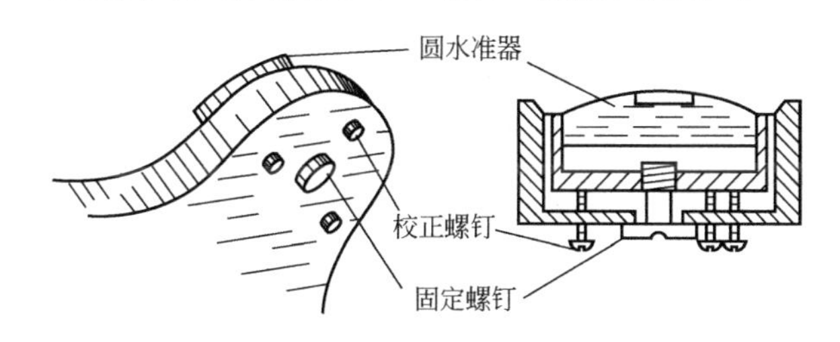

图 4.2　圆水准器的校正螺钉

2）水准管轴平行于视准轴的检验和校正；

① 检验。如图 4.3 所示，在平坦的地面上选择相距 80～100 m 的 A、B 两点，并在地面钉上木桩，置水准仪于 A、B 的中间位置 C 点，使前后视距相等，精确整平仪器后，依次照准 A、B 两点上的水准尺并读数，设读数分别为 a_1、b_1，得 A、B 两点高差 $h_{AB}=a_1-b_1$。然后将水准仪搬到 A 点附近，精确整平仪器后，读取 A、B 两点水准尺读数 a_2、b_2，应用公式 $b_2'=a_2-h_{AB}$ 求得 B 尺上的水平视线读数。若 $b_2'=b_2$，说明水准管轴平行于视准轴；若 $b_2'\neq b_2$，则两轴不平行存在夹角 i，计算公式如下

$$i=\frac{b_2-b_2'}{D_{AB}}\times\rho'' \tag{4.1}$$

式中，D_{AB} 为 A、B 两点之间的水平距离；ρ 为弧度的秒值，$\rho = 206265''$；如果 $i < \pm 20''$，说明此条件满足，如果 $i \geqslant \pm 20''$，则需校正。

② 校正。转动微倾螺旋，使十字丝横丝对准 B 点水准尺上的 b_2' 处，此时视线水平，但水准管气泡不再居中。用校正钉先松开水准管的左右校正螺钉，然后拨动上下两个校正螺钉，使它们一松一紧，直至管水准器气泡吻合为止，最后拧紧左右校正螺旋。再重复检验校正，直至 $i < \pm 20''$ 为止。

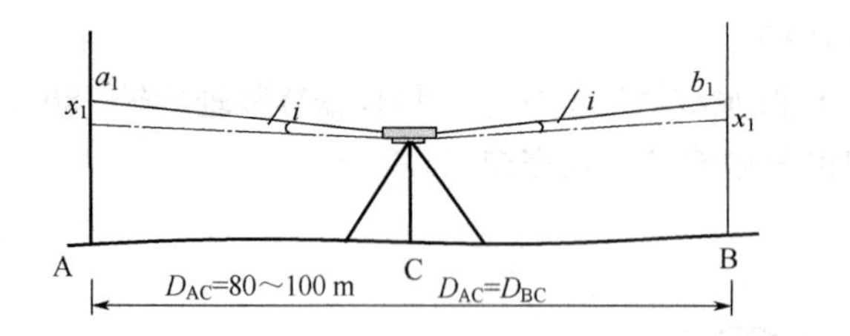

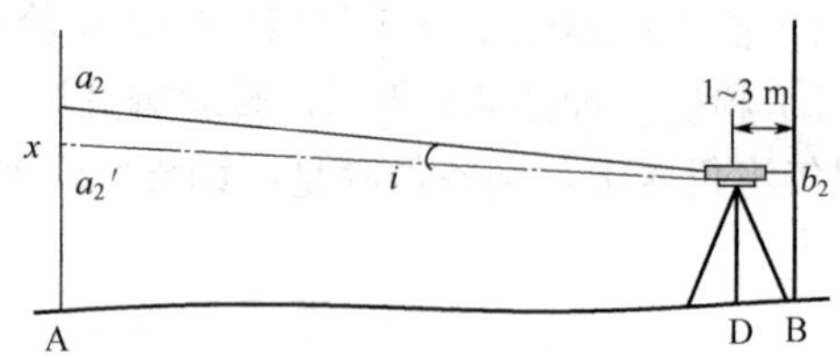

图 4.3 水准管轴平行于视准轴检验

4．注意事项

1）检校水准仪时，必须按上述的规定顺序进行，不能颠倒；

2）拨动校正螺钉时，一律要先松后紧，一松一紧，用力不宜过大。校正完毕时，校正螺钉不能松动，应处于稍紧状态。

三、实验报告

姓名：____________ 学号：____________ 班级：____________

指导教师：__________ 日期：____________

表 4.1 圆水准器平行于仪器竖轴的检验和校正

检验（旋转 180°）次数	气泡偏差数/mm	主检人签名

表 4.2 水准管轴平行于视准轴的检验和校正

<table>
<tr><td colspan="2">仪器在中点求正确高差</td><td colspan="2">仪器在 A 点旁检验校正</td></tr>
<tr><td>A 点尺上读数 a_1</td><td></td><td>A 点尺上读数 a_2</td><td></td></tr>
<tr><td>B 点尺上读数 b_1</td><td></td><td>B 点尺上应读数 $b_2' = a_2 - h_{AB}$</td><td></td></tr>
<tr><td rowspan="2">$h_{AB} = a_1 - b_1$</td><td rowspan="2"></td><td>B 点尺上正确读数 b_2</td><td></td></tr>
<tr><td colspan="2">$i = \frac{b_2 - b_2'}{D_{AB}} \times \rho'' =$</td></tr>
</table>

实验体会与建议：

实验五　经纬仪的认识和使用

一、预习题

1）水平角是指从空间一点出发的两个方向，在__________投影所夹的角度。

2）竖直角指某一方向与在________的水平线所夹的角度，因此在竖直角计算中，要在角值前冠以“+”“–”号加以区别。其中，“+”号代表所测量方向____________；“–”号则代表___________。

3）经纬仪主要由_________和_________组成。根据其构造______不同，经纬仪又可以分为___________和___________。

4）在测站 O 点上安置仪器后，照准 A、B 两方向测得水平度盘分别为 342°12′30″和 12°43′45″，则从 A 点到 B 点构成的水平角值为___________。

5）请读取以下三种度盘刻划的水平度盘读数值：（A）_________、（B）_________、（C）_________［（A）、（B）图读数保留至秒值］。

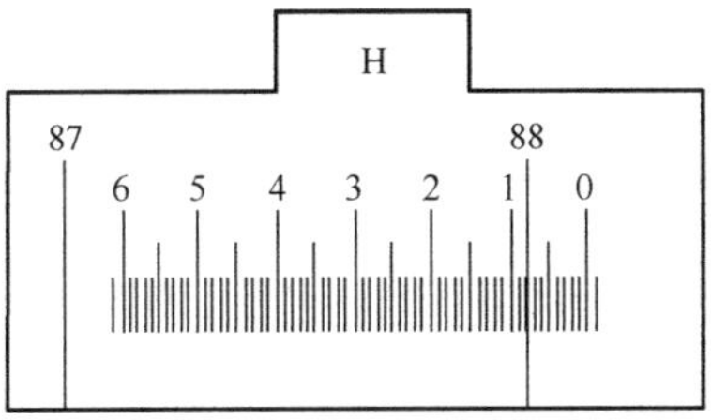

(A) 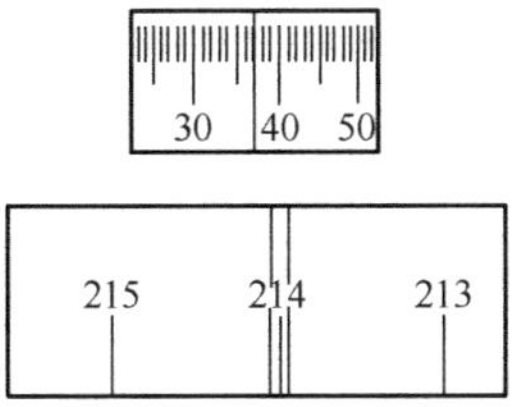　　(B) 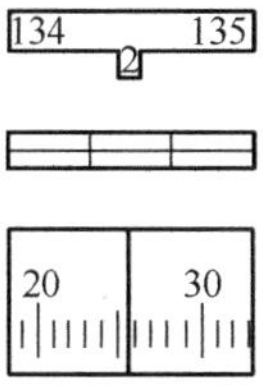　　(C)

二、实验要求

1．目的

1）了解 DJ_2 或 DJ_6 型光学经纬仪的基本构造，各部件的名称、功能和作用；

2）掌握经纬仪对中、整平、瞄准和读数的基本方法。

2．任务

熟悉 DJ_2 或 DJ_6 型光学经纬仪的基本操作，每人至少安置一次经纬仪，用盘左、盘右分别瞄准两个目标，读取水平盘读数。

3．操作步骤

1）仪器开箱后，仔细观察并记清仪器在箱中的位置，取出仪器并连接在三脚架上，旋紧中心连接螺旋，及时关好仪器箱；

2）认识经纬仪各部分的名称和作用；

3）经纬仪的对中、整平：

① 粗略对中：眼睛从光学对中器中看，看到地面和小圆圈，固定一条架腿，左、右两只手拿起另两条架腿，前后左右移动这条架腿，使地面点位落在小圆圈附近。踩紧三条架腿，

并调节脚螺旋，使点位完全落在圆圈中央；

② 粗略整平：转动照准部，使水准管平行于任意两条架腿的脚尖方向，升降其中一条架腿，使圆水准器大致居中，然后将照准部旋转 90°，升降第三条架脚，使圆水准气泡大致居中；

③ 精确整平：转动照准部，使水准管平行于任意两个脚螺旋的连线方向，对向旋转这两个脚螺旋（左手大拇指旋进的方向为气泡移动的方向），使管水准气泡严格居中，再将照准部旋转 90°，调节第三个脚螺旋，使管水准气泡在此方向严格居中，如果达不到要求，需重复②、③步，直到照准部转动任何方向，气泡偏离不超过一格为止；

④ 精确对中：若对中有少许偏移，松开中心连接螺旋，使仪器在架头上做微小平移，使点位精确在小圈内，再拧紧中心连接螺旋，并进行精确整平。

经过以上 4 个步骤，最后对中、整平同时满足。

4）瞄准。利用望远镜的粗瞄器，使目标位于视线内，固定望远镜和照准部制动螺旋，调节目镜调焦螺旋，使十字丝清晰；转动物镜调焦螺旋，使目标清晰；转动望远镜和照准部微动螺旋，精确瞄准目标，并注意消除视差。读取水平度盘读数时，使十字丝竖丝单丝平分目标或双丝夹住目标；读取竖盘读数时，使十字丝横丝切准目标；

5）读数。调节反光镜的位置，使读数窗亮度适当；调节读数窗的目镜调焦螺旋，使读数清晰，最后读数，并记入测量计算表格中。

4．注意事项

1）使用各螺旋时，用力应轻而均匀；

2）使用光学对中器进行对中，对中误差应小于 1 mm；

3）日光下测量时应避免将物镜直接瞄准太阳；

4）水平角瞄准目标时，应尽可能瞄准其底部，以减少目标倾斜所引起的误差。

三、实验报告

姓名：________　　学号：________　　班级：________

指导教师：________　　日期：________

表 5.1　角度读数练习

测站	目标	盘左读数/° ′ ″	盘右读数/° ′ ″

实验体会与建议：

实验六　测回法观测水平角

一、预习题

1）取盘左、盘右角值的平均值作为水平角值是为了消除＿＿＿＿＿＿＿＿造成的影响。

2）完成下表计算。

测站	盘位	测点	水平度盘读数/° ′ ″	水平角值/° ′ ″	平均角值/° ′ ″	草 图
A	盘左	C	30 41 25			
		B	87 26 38			
	盘右	B	267 26 42			
		C	210 41 31			
B	盘左	A	325 57 02			
		C	42 13 32			
	盘右	C	222 13 26			
		A	45 56 58			

3）竖直角是指＿＿＿＿＿＿＿＿＿＿＿＿＿＿＿＿＿。

4）测回法观测水平角的观测步骤分为＿＿步，在下面空白处简答具体观测步骤。

二、实验要求

1. 目的

1）掌握 DJ_2 或 DJ_6 型光学经纬仪的使用方法；

2）掌握测回法观测水平角的观测顺序、记录和计算方法；

3）了解测回法观测水平角的各项技术指标。

2. 任务

在指定场地内视野开阔的地方，选择 4 个固定点，构成一个闭合多边形，分别观测多边形各内角的大小，每个内角用测回法测量一个（或多个）测回。

3. 操作步骤

1）选定测站点和各观测点的位置，并用木桩标定出来；

2）在某测站点上安置仪器，对中整平后，按下述步骤观测：

① 盘左，瞄准左边目标，将水平度盘配置稍大于 0°00′00″，读取读数 $a_{左}$，顺时针转动照准部，再瞄准右边目标，读取读数 $b_{左}$，则上半测回角值为 $\beta_{左}=b_{左}-a_{左}$；

② 盘右，先瞄准右边目标，并读取读数 $b_{右}$，逆时针转动照准部，再瞄准左边目标，读

取读数 $a_{右}$，则下半测回角值为 $\beta_{右}=b_{右}-a_{右}$；

③ 取其平均值作为该测回角值；

④ 如果需要对一个水平角测量 n 个测回，则在每测回盘左位置瞄准左边目标时，都需要配置度盘。每个测回度盘读数需变化 180°/n（n 为测回数）。例如：要对一个水平角测量 3 个测回，则每个测回度盘读数需变化 180°/3=60°，则 3 个测回盘左位置瞄准左边目标时，配置度盘的读数分别为：0°、60°、120°或略大于这些读数；

⑤ 其余各测回观测方法与第一测回水平角的观测过程相同。比较各测回所测角值，若限差≤±24″，则满足要求，取平均求出各测回平均角值。

4．限差要求

上、下半测回角值之差≤±40″，各测回所测水平角值之差≤±24″，若成果超限，应及时重测。

5．注意事项

1）瞄准目标时，尽可能瞄准标石中心，以减少目标倾斜引起的误差；

2）观测过程中，若发现管水准气泡偏移超过一格时，应重新整平，重测改测回；

3）观测过程时，动手要轻而稳，不能用手压扶仪器。

三、实验报告

姓名：____________ 学号：____________ 班级：____________

指导教师：__________ 日期：____________

表 6.1 测回法水平角观测记录表

<table>
<tr><th>测站</th><th>测回</th><th>目标</th><th>竖盘位置</th><th>水平度盘读数
/° ′ ″</th><th>半测回角值
/° ′ ″</th><th>一测回角值
/° ′ ″</th><th>各测回平均角值
/° ′ ″</th></tr>
<tr><td rowspan="4"></td><td rowspan="4">1</td><td></td><td rowspan="2">左</td><td></td><td rowspan="2"></td><td rowspan="4"></td><td rowspan="8"></td></tr>
<tr><td></td><td></td></tr>
<tr><td></td><td rowspan="2">右</td><td></td><td rowspan="2"></td></tr>
<tr><td></td><td></td></tr>
<tr><td rowspan="4"></td><td rowspan="4">2</td><td></td><td rowspan="2">左</td><td></td><td rowspan="2"></td><td rowspan="4"></td></tr>
<tr><td></td><td></td></tr>
<tr><td></td><td rowspan="2">右</td><td></td><td rowspan="2"></td></tr>
<tr><td></td><td></td></tr>
<tr><td rowspan="4"></td><td rowspan="4">3</td><td></td><td rowspan="2">左</td><td></td><td rowspan="2"></td><td rowspan="4"></td><td rowspan="8"></td></tr>
<tr><td></td><td></td></tr>
<tr><td></td><td rowspan="2">右</td><td></td><td rowspan="2"></td></tr>
<tr><td></td><td></td></tr>
<tr><td rowspan="4"></td><td rowspan="4">4</td><td></td><td rowspan="2">左</td><td></td><td rowspan="2"></td><td rowspan="4"></td></tr>
<tr><td></td><td></td></tr>
<tr><td></td><td rowspan="2">右</td><td></td><td rowspan="2"></td></tr>
<tr><td></td><td></td></tr>
</table>

实验体会与建议：

实验七 方向法观测水平角

一、预习题

1）当对________或_______方向进行角度观测时，要求采用方向观测法进行角度测量，该方法又称为__________，它的直接观测结果指的是各个方向相对于________的水平角值，也称为方向值。

2）方向法测水平角时，首先要选取一距离适中且成像清晰的方向作为起始方向，该方向又称为__________；当半测回一次照准每个方向并读数后，还需要再次照准起始方向进行观测读数，此过程又称为________。

3）下表为 DJ_6 型经纬仪在测站 O 点上一测回的观测记录，完成表中相应计算。

测回	测点	水平度盘读数		左－右±180（2*c*）	（左＋右±180）/2	一测回归零方向值
		盘左	盘右			
		° ′ ″	° ′ ″	″	° ′ ″	° ′ ″
1	A	90 01 30	270 01 42			0 00 00
	B	127 50 12	307 50 18			
	C	275 12 12	95 12 24			
	D	46 27 24	226 27 30			
	A	90 01 36	270 01 36			
		$\Delta_{左}=$	$\Delta_{右}=$			

4）以观测四个方向水平角为例，简述方向法观测水平角的具体操作步骤。

二、实验要求

1. 目的

1）掌握方向法观测水平角的操作步骤、记录及计算的方法；

2）掌握方向法观测水平角内业计算中各项限差的意义和规定。

2. 任务

在指定场地内视野开阔的地方，选取一个点为测站点，选取不少于 4 个点为观测点。依次测定各个方向的方向值，并根据观测结果计算任意两个方向之间的水平角值。

3．操作步骤

1）如图 7.1 所示，在开阔地面上选定 O 点为测站点，然后在场地四周任选 4 个目标点 A、B、C 和 D（距离 O 点各 15 ～30 m）；

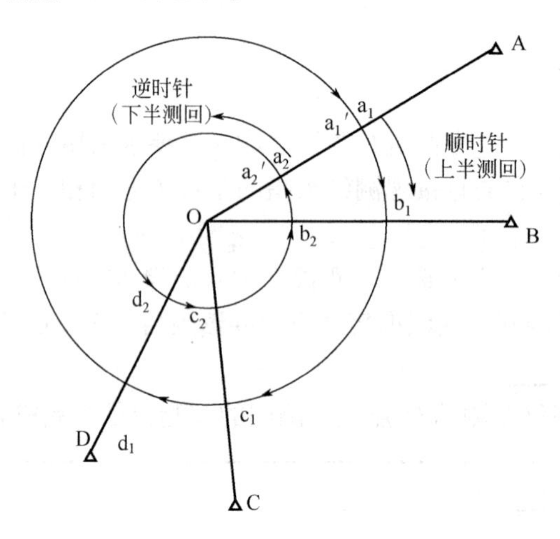

图 7.1　方向法观测水平角

2）在测站点 O 上安置仪器，并精确对中、整平；

3）盘左：瞄准起始方向 A，将水平度盘读数配置为略大于 0°00′00″的读数，作为起始水平方向读数 $a_{左}$ 记入表格中。顺时针旋转照准部依次瞄准 B、C、D 各方向读取水平度盘读数，即各目标水平方向值 $b_{左}$、$c_{左}$、$d_{左}$，记入表格中。最后转回观测起始方向 A，再次读取水平度盘读数 $a'_{左}$，称为“归零观测”；

4）由 A 方向盘左两个读数之差 $a_{左}-a'_{左}$ 计算盘左上半测回归零差，如果归零差≤±18″的要求，则求出 $a_{左}$ 与 $a'_{左}$ 两个读数的平均值 $\overline{a}_{左}$，记在表格中，写在 $a_{左}$ 的顶部，否则应重新测量；

5）盘右：逆时针依次瞄准 A、D、C、B、A 各方向，依次读取各目标的水平度盘读数 $a_{右}$、$d_{右}$、$c_{右}$、$b_{右}$、$a'_{右}$ 并记入表格中，由下往上记录。检查归零差是否超限。盘左、盘右观测构成一测回观测；

6）由 A 方向盘左两个读数之差 $a_{右}-a'_{右}$ 计算盘左上半测回归零差，如果归零差≤±18″的要求，则求出 $a_{右}$ 与 $a'_{右}$ 两个读数的平均值 $\overline{a}_{右}$，记在表格中，写在 $a_{右}$ 的顶部，否则应重新测量；

7）对于同一目标，需用盘左读数尾数减去盘右读数尾数计算 $2c$，$2c$ 应满足限差≤±60″的要求，否则重测；

8）将 $\overline{a}_{左}$ 与 $\overline{a}_{右}$ 取平均，求得归零方向的平均值 $\overline{a}=\left(\overline{a}_{左}+\overline{a}_{右}\right)/2$；目标方向值的平均值=（各目标的盘左读数+盘右读数±180°）/2；

9）用各目标方向的平均值减去归零方向的平均值 $\overline{a}$，可求出各目标归零后的水平方向值，则第一测回观测结束；

10）如果需要进行多测回观测，各测回操作的方法、步骤相同，只是每测回盘左读数都需要配置度盘。每个测回度盘读数需变化 180°/n（n 为测回数）；

11）各测回观测完成后，应对同一目标各测回的方向值进行比较，如满足限差≤±24″，取平均求出各测回方向值的平均值。

4．限差要求

1）半测回归零差不超过≤±18″；

2）一测回 $2c$ 互差不超过≤±60″；

3）各测回方向值互差不超过≤±24″。

5．注意事项

1）应选择远近适中，易于瞄准的清晰目标作为起始方向；

2）对中、整平仪器后，进行第一测回观测，期间不得再整平仪器。但第一测回完毕，可以重新整平仪器，再进行第二测回观测；

3）测角过程中一定要边测、边记、边算，以便及时发现问题。

三、实验报告

姓名：______________　学号：______________　班级：______________

指导教师：____________　日期：______________

表 7.1　方向法水平角观测记录表

测站	测回	目标	水平度盘读数		$2c$/″	盘左盘右平均读数 /° ′ ″	一测回归零方向值 /° ′ ″	各测回平均方向值 /° ′ ″
			盘左 /° ′ ″	盘右 /° ′ ″				
1	2	3	4	5	6	7	8	9
		A						
		B						
		C						
		D						
		E						
		A						
		B						
		C						
		D						
		E						

实验体会与建议：

实验八　竖直角观测

一、预习题

1）由于竖盘指标偏离了正确位置，使视线水平时的竖盘读数大了或小了一个数值，这个偏离值称为__________。

2）目标方向与________间的夹角称为高度角，又称为______。

二、实验要求

1．目的

1）掌握不同竖盘注记类型的竖直角计算公式的确定方法；

2）掌握竖直角的观测计算方法。

2．任务

利用盘左、盘右观测某一竖直角，并完成竖盘指标差的计算。

3．操作步骤

1）在 A 点安置经纬仪，对中、整平，将红白标杆立于 B 点，并做好标记；

2）盘左位置：瞄准目标，使十字丝中丝的单丝精确切准所做标记，读取竖盘读数 L，记录并计算 $\alpha_{左}$；

3）盘右位置：瞄准目标，同样方法读取竖盘读数 R，记录并计算 $\alpha_{右}$；

4）利用公式 $\alpha_{左}=90^\circ-L$，$\alpha_{右}=R-180^\circ$，$\alpha=\left(\alpha_{左}+\alpha_{右}\right)/2$ 计算出竖直角角值，然后再利用 $x=\left(\alpha_{右}-\alpha_{左}\right)/2$ 计算竖盘指标差。

4．限差要求

同一测站观测标尺的不同高度时，竖盘指标差误差应≤±25″。

5．注意事项

1）观测竖直角时，每次读取竖盘读数前，必须使竖盘指标水准气泡居中；

2）计算竖直角和竖直指标差时，要注意正负号。

三、实验报告

姓名：____________　学号：____________　班级：____________

指导教师：__________　日期：____________

表 8.1　竖直角观测记录表

测站点	仪器高	觇点	觇标高	竖盘位置	竖盘读数 /° ′ ″	指标差/″	半测回竖角 /° ′ ″	一测回竖角 /° ′ ″
				左				
				右				

续表

测站点	仪器高	觇点	觇标高	竖盘位置	竖盘读数 /° ′ ″	指标差/″	半测回竖角 /° ′ ″	一测回竖角 /° ′ ″
				左				
				右				
				左				
				右				

实验体会与建议：

实验九　经纬仪的检验和校正

一、实验要求

1．目的

1）了解经纬仪各轴线之间应满足的几何关系；

2）掌握经纬仪各轴线检验和校正的方法。

2．任务

1）经纬仪照准部水准管轴垂直于竖轴的检验和校正；

2）视准轴垂直于横轴的检验和校正；

3）横轴垂直于竖轴的检验与校正。

3．操作步骤

1）照准部水准管轴垂直于竖轴的检验和校正：

① 检验。将仪器大致整平，转动照准部使水准管与两个脚螺旋的连线平行。旋转脚螺旋使水准管气泡居中，将照准部旋转 90°后，旋转第 3 个脚螺旋使气泡居中，然后将照准部旋转 90°，若气泡仍居中，说明照准部水准管轴垂直于仪器竖轴；若气泡偏离大于 1 格，则需进行校正。

② 校正。校正时，首先旋转与水准管平行的两个脚螺旋，使气泡向中间位置移动偏离值的一半，然后用校正针拨动水准管一端的校正螺钉，使气泡居中，此时水准管轴处于水平位置，仪器竖轴竖直。

此项检验与校正必须反复进行，直到照准部旋转到任何位置，水准管气泡的偏离值不超过 1 格为止。

2）视准轴垂直于横轴的检验与校正：

① 检验。视准轴误差的检验方法有盘左、盘右读数法和四分之一法两种，下面具体介绍四分之一法的检验方法。

第一步，在平坦地面上，选择相距约 100 m 的 A、B 两点，在 AB 连线中点 O 处安置经纬仪，如图 9.1 所示，并在 A 点设置一瞄准标志，在 B 点横放一根刻有毫米分划的直尺，使直尺垂直于视线 OB，A 点的标志、B 点横放的直尺应与仪器大致同高；

第二步，用盘左位置瞄准 A 点，制动照准部，然后纵转望远镜，在 B 点尺上读得 B_1，如图 9.1（a）所示；

第三步，用盘右位置再瞄准 A 点，制动照准部，然后纵转望远镜，再在 B 点尺上读得 B_2，如图 9.1（b）所示。

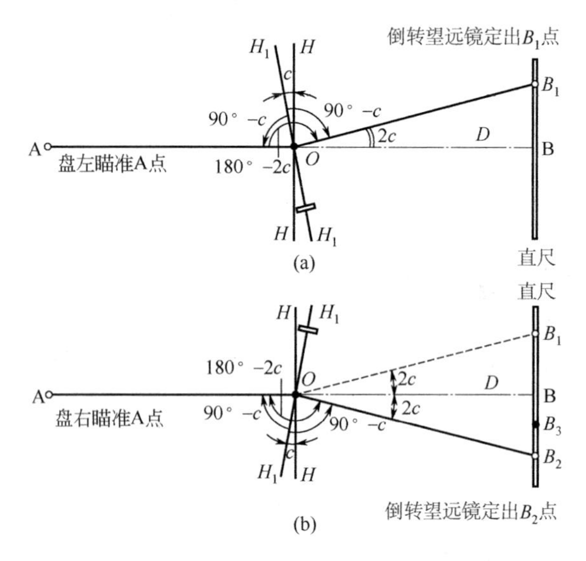

图 9.1　视准轴误差的检验

如果 B_1 与 B_2 两读数相同，说明视准轴垂直于横轴。如果 B_1 与 B_2 两读数不相同，由此可知，$\angle B_1OB_2=4c$，由此算得

$$c=\frac{B_1B_2}{4D}\rho'' \tag{9.1}$$

式中，D 为 O 到 B 点的水平距离（m）；B_1B_2 为 B_1 与 B_2 的读数差值（m）；ρ'' 为一弧度秒值，$\rho=206265''$。对于 DJ_6 型经纬仪，如果 $c>60''$，则需要校正。

② 校正。校正时，在直尺上定出一点 B_3，使 $B_2B_3=B_1B_2/4$，OB_3 便与横轴垂直。打开望远镜目镜端护盖，用校正针先松十字丝上、下的十字丝校正螺钉，再拨动左右两个十字丝校正螺钉，一松一紧，左右移动十字丝分划板，直至十字丝交点对准 B_3。此项检验与校正也需反复进行。

3）横轴垂直于竖轴的检验与校正：

① 检验。

第一步，在距一垂直墙面 20～30 m 处，安置经纬仪，整平仪器；

第二步，盘左位置，瞄准墙面上高处一明显目标 P，仰角宜在 30°左右；

第三步，固定照准部，将望远镜置于水平位置，根据十字丝交点在墙上定出一点 A；

第四步，倒转望远镜成盘右位置，瞄准 P 点，固定照准部，再将望远镜置于水平位置，定出点 B。

如果 A、B 两点重合，说明横轴是水平的，横轴垂直于竖轴；否则，需要校正。

② 校正。

第一步，在墙上定出 A、B 两点连线的中点 M，仍以盘右位置转动水平微动螺旋，照准 M 点，转动望远镜，仰视 P 点，这时十字丝交点必然偏离 P 点，设为 P′点；

第二步，打开仪器支架的护盖，松开望远镜横轴的校正螺钉，转动偏心轴承，升高或降低横轴的一端，使十字丝交点准确照准 P 点，最后拧紧校正螺钉。

二、实验报告

姓名：__________ 学号：__________ 班级：__________

指导教师：__________ 日期：__________

表 9.1 照准部管水准器轴垂直于竖轴的检验和校正

检验次数	1	2	3	4	5	6
气泡偏离格数						

表 9.2 视准轴与横轴垂直的检验和校正

检验次数	尺上读数		$(B_1-B_2)/4$	正确读数 $B_3=B_2-(B_1-B_2)/4$	视准轴误差 $c=\rho(B_1-B_2)/4D$
	盘左：B_1	盘右：B_2			

表 9.3 横轴与竖轴垂直的检验和校正

检验次数	P_1、P_2 距离	竖盘读数/° ′ ″	竖直角/° ′ ″	仪器与墙的距离 D/m	横轴误差

实验体会与建议：

实验十　全站仪的认识和使用

一、预习题

1）全站仪是全站型速测仪的简称，它集__________________、___________________和________________于一体。

2）自动全站仪是一种能自动__________、_________和____________的一种全站仪，又称为测量机器人。

二、实验要求

1. 目的

了解全站仪的构造与使用方法，各部件的名称和作用，以及全站仪内设测量程序的应用及测距参数的设置。

2. 任务

每人至少安置一次全站仪，分别瞄准两个目标，读取水平度盘读数及距离。

3. 操作步骤

1）仪器开箱后，仔细观察并记清仪器在箱中的位置，取出仪器并连接在三脚架上，旋紧中心连接螺旋，及时关好仪器箱；

2）认识全站仪各部件的名称和作用；

3）全站仪对中、整平。接通电源、打开激光对中器，其余步骤基本同经纬仪；

4）测距参数的设置：测距类型、使用棱镜及对应的常数、气象改正数（包括温度和气压）。

4. 注意事项

1）使用各螺旋时，用力均匀轻而有力；

2）全站仪从箱中取出后，应立即用中心连接螺旋连接在脚架上，并连接牢固；

3）各项练习均应认真、仔细完成，并能熟练操作全站仪。

三、实验报告

姓名：________________　学号：________________　班级：________________

指导教师：____________　日期：________________

表 10.1　角度读数练习

测站	目标	盘左读数/° ′ ″	盘右读数/° ′ ″

续表

测站	目标	盘左读数/° ′ ″	盘右读数/° ′ ″

实验体会与建议：

实验十一　GPS 仪器的认识和使用

一、预习题

1）GPS 定位系统由三部分组成，即__________、__________和__________。

2）世界上四大卫星导航定位系统分别是______________、____________、____________和______________。

3）GPS 接收机包括____________、____________和____________。

二、实验要求

1．目的

了解 GPS 仪器的构造与使用方法，各部件的名称和作用。

2．任务

每人至少操作一次 GPS 仪器，分别测量两个目标点的坐标。

3．操作说明

本文以中海达 GPS V30 型 GPS 仪器（图 11.1、图 11.2）为例，说明 GPS 仪器外观。

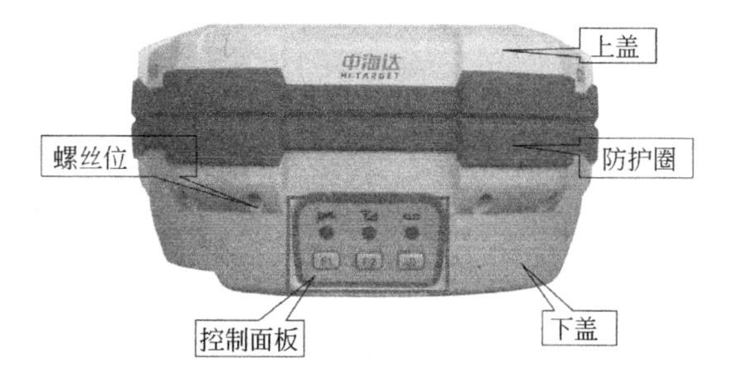

图 11.1　GPS 仪器外观

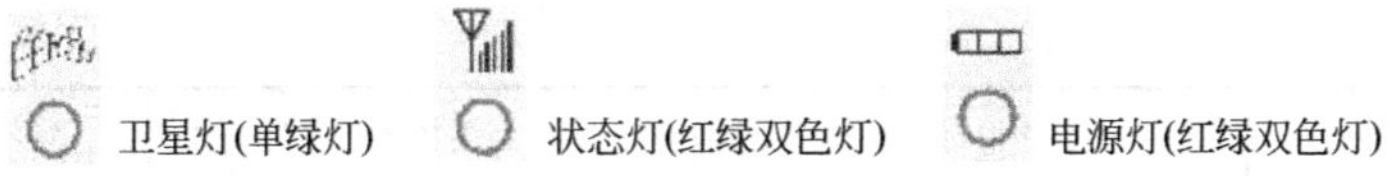

卫星灯(单绿灯)　状态灯(红绿双色灯)　电源灯(红绿双色灯)

图 11.2　GPS 仪器状态灯示意图

F1 功能键：设置工作模式、UHF 电台功率、卫星角度角、自动设置基站、复位接收机等；F2 功能键：设置数据链、UHF 电台频道、采样间隔、恢复出厂设置等；⏻开关机电源键：设置确定、自动设置基站等。如图 11.3 所示。按键功能说明见表 11.1。

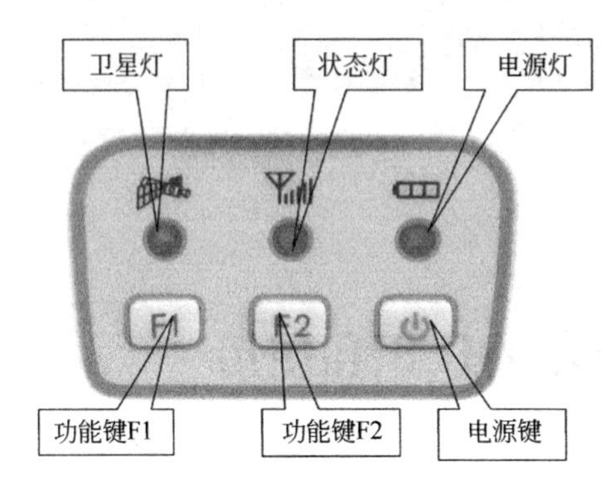

图 11.3　控制面板示意图

表 11.1　按键功能说明

功能		按键操作	内容
工作模式		双击 F1	单击 F1 进行基准站、移动站、静态工作模式选择
数据链		双击 F2	单击 F2 进行内置 GSM/CDMA、UHF/GSM/CDMA 模式、外挂数据链模式选择
UHF 模式	功率	长按 F1	单击 F1 进行高、中、低功率选择
	频道	长按 F2	单击 F1 进行频道逐个减 1，长按 F1 进行频道逐个减 10
静态	卫星高度角	长按 F1	单击 F1 进行 5 度、10 度、15 度卫星高度角选择
	采样间隔	长按 F2	单击 F2 进行 1 秒、5 秒、10 秒采样间隔选择

三、实验报告

姓名：________________　学号：________________　班级：________________

指导教师：____________　日期：________________

表 11.2　GPS 仪器的检视

项目	操作是否正确
三脚架平稳否、脚螺旋有效否	
仪器指示灯是否正确显示	
控制面板按键是否功能正常	

表 11.3　GPS 仪器的测量

点号	横坐标	纵坐标
1		
2		
3		
4		
5		
6		

实验十二　导线测量

一、预习题

1）通过观测导线边的_____和______，根据起算数据经计算而获得导线点的________，即为导线测量。

2）按照不同的情况和要求，单一导线可布设为___________、__________和__________。导线网可布设为__________和__________。

二、实验要求

1. 目的

掌握全站仪测量导线水平角、水平距离的方法。

2. 任务

在开阔的地方，以选定的多边形作为闭合导线，用全站仪测定导线转角和导线边长。在观测精度满足限差要求的情况下，计算导线点平面坐标。

3. 操作步骤

1）将全站仪安置在其中一个导线点上，在相邻的另外两个导线点上安置反光镜；

2）盘左位置，先瞄准角度左边目标的反光镜，按启动键进行水平距离测量，然后将水平度盘置零。同时，再瞄准角度右边目标的反光镜，测得另一导线边的水平距离，读取盘左读数；

3）倒转望远镜成盘右位置，分别测定两导线点的盘右读数；

4）重复 1）～3）步，可测定各导线边长和转角的大小。

4. 限差要求

对于 1∶500 地形图的图根导线测量，导线全长≤750 m，水平角测回数≥1，测角中误差≤±20″，角度闭合差限差 $f_{\beta容}=\pm 40''\sqrt{n}$，导线全长闭合差限差 $K_{容}\leqslant 1/4\,000$。

5．注意事项

1）严禁将照准部望远镜对向太阳或其他强光物体，不能用手摸仪器或反光镜镜面；

2）不得带电搬移仪器，远距离或困难地区应装箱运走。

三、实验报告

姓名：__________ 学号：__________ 班级：__________

指导教师：__________ 日期：__________

表 12.1 导线测量记录表

测站	测回	目标	盘左	盘右	一测回平均值	各测回平均值	平距	平均平距	备注
			° ′ ″	° ′ ″					
	I								
	II								
	I								
	II								
	I								
	II								
	I								
	II								
	I								

续表

测站	测回	目标	盘左	盘右	一测回平均值	各测回平均值	平距	平均平距	备注
			° ′ ″	° ′ ″					
	II								

表 12.2　导线测量闭合计算表

测站	观测角	改正数	改正后角值	方位角	边长	坐标增量		调整后坐标增量值		坐标	
	$\beta'_{左}$	$V'_{左}$	$\beta_{左}$	a	D/m	△x	△y	△x	△y	X	Y
										m	m
Σ											
角度闭合差改正计算：n=			坐标增量闭合差计算：						导线相对闭合差计算：		
$\sum\beta_{理}=180(n-2)=$			$\sum\triangle x_{理}=0$		$\sum\triangle y_{理}=0$				$f_D=\sqrt{f_x^2+f_y^2}$		
$f_\beta=\sum\beta_{测}-\sum\beta_{理}=$			$f_x=$		$f_y=$				=		
$f_{容}=\pm 40\sqrt{n}=$									$K=f_D/\sum D$		
改正数 $V_i=f_\beta/n=$									=	<1/4 000	

测量：　　　　计算：　　　　监理：　　　　日期：　年　月　日

实验十三　三角高程测量

一、预习题

1）三角高程测量的基本思想是根据测站向照准点所观测的__________和它们之间的__________，计算测站点与照准点之间的______。

2）三角高程测量的精度受__________、__________、__________、__________和________的量测误差和垂线偏差变化等诸多因素的影响。

二、实验要求

1．目的

掌握对向法三角高程测量的外业观测和内业计算方法。

2．任务

在开阔的地方选取若干点构成闭合环，并做点标记。采用对向法三角高程代替水准测量完成闭合环的高程控制测量。在观测精度满足限差要求的情况下，计算各点的高程。

3．操作步骤

1）实验场地布设；

在空旷地面上选择 4 个间隔约为 60 m 的点，每个点都打入钉子，构成闭合环，分别为 A、B、C 和 D。

2）外业观测步骤；

① 选定其中一点开始架设仪器，相邻两点架设棱镜，对中、整平后量取仪器高 i 及棱镜高 v，观测倾斜距离 S 及垂直角 α；

② 沿某固定方向向相邻高程点移动仪器和棱镜，重复第（1）步的所有观测，直到闭合，所有测段均应进行往、返测。

3）内业计算；

① 首先计算测段往、返高差，以 A、B 段为例，设由 A 向 B 观测得 h_{AB}，由 B 向 A 观测得 h_{BA}，根据三角高程测量公式可知：

$$\begin{aligned} h_{AB} &= S_{AB}\sin\alpha_{AB} + i_A - v_A + f_A \\ h_{BA} &= S_{BA}\sin\alpha_{BA} + i_B - v_B + f_B \end{aligned} \tag{13.1}$$

球气差改正数：$f = \dfrac{(S \cdot \cos\alpha)^2}{2R}$

式中，S 为倾斜距离；R 为地球半径。

② 判断 A、B 段往、返测高差之差是否超限，超限重测，不超限则取往、返测高差平均值作为测段高差。

③ 计算闭合环闭合差，超限重测，不超限则按照闭合水准路线数据处理方式分配闭合差，计算改正后的测段高差和各点的高程。

4．限差要求

三角高程测量往、返测高差之差不应大于 $60\sqrt{D}$ mm，即 $f_{h容} = \pm 60\sqrt{D}$ mm；闭合环线或附合路线的闭合差应不超过 $\pm 40\sqrt{\sum D}$ mm。

5．注意事项

1）尽量提高视线与地面高度，视线高应大于 1 m，这样可有效削弱地面折光的影响，提高测量精度；

2）棱镜杆必须立稳、立直；

3）控制视距长度在规范要求范围内，测距应限制在 600 m 以内；

4）选择良好的气象条件和时间段进行观测。

三、实验报告

姓名：________________ 学号：________________ 班级：________________

指导教师：____________ 日期：________________

表 13.1 三角高程测量高差计算

测站	目标	照准点	竖直角读数		指标差	同测回竖直角平均值	各测回竖直角较差	各测回竖直角平均值	斜距 D/m				仪器高/m	棱镜高/m
			正镜	倒镜					正镜/m	倒镜/m	各次平均/m	各测回平均/m		
			° ′ ″	° ′ ″	″									
	后视													
	前视													
	后视													
	前视													
	后视													
	前视													
	后视													
	前视													
	后视													
	前视													
	后视													
	前视													
	后视													
	前视													

实验十四 全站仪数字测图

一、预习题

1）碎部测图的方法有____________、______________和____________等。

2）地面数字测图是指对利用__________________等仪器采集的数据及编码，通过计算机图形处理而自动绘制地形图的方法。

二、实验要求

1. 目的

1）掌握全站仪数字测图外业数据采集的作业方法；

2）会使用数字测图软件进行数据传输及展绘。

2. 任务

完成全站仪地面数字测图外业数据采集，并通过数据接口将全站仪测量数据传输到绘图软件，最后完成地形图的绘制。

3. 操作步骤

1）草图法数字测图的流程；

外业使用全站仪测量碎部点三维坐标的同时，绘图员绘制碎部点构成的地物形状和类型并记录下碎部点点号（必须与全站仪自动记录的点号一致）。内业将全站仪碎部点三维坐标通过数据传输电缆导入计算机，转换成 CASS 坐标格式文件并展点，根据野外绘制的草图在 CASS 中绘制地物。

2）全站仪野外数据采集步骤；

① 安置仪器：在控制点上安置全站仪，检查中心连接螺旋是否旋紧，对中、整平、量取仪器高、开机；

② 创建文件：在全站仪菜单中，选择数据采集进入并选择一个文件，输入文件名后确定，即完成文件创建工作；

③ 输入测站点及后视点信息：输入文件名，回车后进入数据采集的输入数据窗口，按提示输入相关数据；

④ 测量碎部点坐标：仪器定向后，即进入测量模式，输入所测碎部点点号、编码、棱镜高后，精确瞄准竖立在碎部点上的反光镜，测量出棱镜点的坐标，并将测量结果保存到前面建立的坐标文件中，然后继续第 2 个点的测量。

3）下传碎部点坐标；

完成外业数据采集后，使用通信电缆将全站仪与计算机的 COM 口连接好，启动通信软件，设置好与全站仪一致的通讯参数后，执行下传数据命令，将采集到的碎部点坐标数据发送到通信软件的文本区。

4）格式转换；

将保存的数据文件转换为绘图软件格式的坐标文件格式。

5）展绘碎部点、成图；

在绘图区域得到展绘好的碎部点点位，结合野外绘制的草图绘制地物；再绘制等高线。对所测地形图进行绘图处理、图形编辑、修改、整饰，最后形成数字地图的图形文件。

4. 限差要求

对于 1∶500 地形图，碎部点的最大视距，地物点为 160 m，地形点为 300 m。

5. 注意事项

1）控制点数据由指导教师统一提供；

2）采用数据编码时，数据编码要规范、合理；

3）能够测量到的点尽量实测，尽量避免用皮尺量取，因全站仪的测量速度远非皮尺量取所能比，而且精度也会高些；

4）外业进行数据采集时，一定要注意实地地物、地貌的变化，尽可能地详细记录，不要把疑点带回到内业处理。

三、实验报告

姓名：________________　　学号：________________　　班级：________________

指导教师：____________　　日期：________________

表 14.1　数字地形测量记录表

序号	X/m	Y/m	H/m	序号	X/m	Y/m	H/m
草图绘制							

实验十五　建筑物的平面位置和高程测设

一、实验要求

1. 目的

1）掌握建筑物平面位置极坐标法放样的基本方法；

2）掌握建筑物施工中高程放样的基本方法。

2. 任务

在开阔的地方，选取间隔为 30 m 的 A、B 两点，在点位上打木桩，桩上钉小钉（如果是水泥地面，可用红色油漆或粉笔在地面上画十字丝作为点位），以 A、B 两点的连线为测设角度的已知方向线，在附近再布设一个临时水准点，作为测设高程的已知数据。

3. 操作步骤

1）测设水平角和水平距离，以确定点的平面位置（极坐标法）；

设欲测设的水平角为 β，水平距离为 D。在 A 点安置经纬仪，盘左照准 B 点，置水平度盘为 0°00′00″，然后转动照准部，使度盘读数为准确的 β 角。在此视线方向上，以 A 点为起点用钢尺量取预定的水平距离 D，定出一点为 P′。盘右，同样测设水平角 β 和水平距离 D，再定出一点P″。若P′、P″不重合，取其中点P，并在点位上打木桩，桩顶钉上小钉标出其位置，即为按规定角度和距离测设的点位。最后，以点位P为准，检核多测角度和距离，若在限差范围内，则符合要求。

测设数据：假设控制边AB起点A的坐标为$X_A = 60.7$ m，$Y_A = 70.5$ m，控制边方位角$\alpha_{AB} = 90°$，已知建筑物轴线上点P_1、P_2设计坐标为：$X_1 = 71.7$ m，$Y_1 = 70.5$ m，$X_2 = 71.7$ m，$Y_2 = 85.7$ m。

2）测设高程；

设上述P点的设计高程H_P，已知水准点的高程$H_水$，则视线高$H_i = H_水 + a$，计算P点的尺上读数$b = H_i - H_P$，即可在P点木桩上立尺进行前视读数。在P点上立尺时，标尺要紧贴木桩侧面，水准仪瞄准标尺时要使其贴着木桩上下移动，当尺上读数正好等于b时，沿尺底在木桩上画横线，即为设计高程的位置，在P点设计高程位置和水准点立尺，再进行前后视观测，以作检核。

测设数据：假设$H_水 = 50.000$ m，点P_1、P_2的设计高程为$H_{P1} = 50.550$ m，$H_{P2} = 49.850$ m。

4．限差要求

测设限差：水平角不超过±40″，水平距离的相对误差不超过1/5 000，高程不超过±10 mm。

5．注意事项

1）做好测设前的准备工作，正确计算测设数据；

2）测设水平角时，注意对中、整平，精确照准起始方向后度盘配置为0°00′00″；

3）量距时，注意钢尺的刻画注记规律，搞清零点位置；

4）确定点的平面位置既要注意测设水平角的方向，又要注意量距精确，否则都将影响点的平面位置。

二、实验报告

姓名：________　　学号：________　　班级：________

指导教师：________　　日期：________

表15.1　平面位置测设数据计算表

已知点坐标			待测设点坐标			测设数据				
点名	X/m	Y/m	点名	X/m	Y/m	边名	平距/m	坐标方位角 /° ′ ″	角名	水平角 /° ′ ″
检测	设计距离						设计角度			
	实际距离						实际角度			
	相对精度						角度精度			

表 15.2　高程测设数据计算表

测站	已知水准点		后视读数	视线高程/m	待测设点		前尺应有读数	填挖数/m	检测	
	点名	高程/m			点名	设计高程/m			实际读数	误差/m

实验十六　建筑基线的定位

一、实验要求

1. 目的

掌握建筑物定位轴线放样的基本方法。

2. 任务

在平坦的地面上选定相邻 40~50 m 的 A、B_1 两点，打下木桩。自 A 点起沿 AB_1 方向用钢尺往返量取 $AB = 28.500$ m，量取精度为 1/3 000，在 B 点打下木桩。假设 AB 平行于测量坐标系的横轴，A、B 点是测量控制点，其坐标已知。现设计一建筑物，其轴线为 CDEF，C、D 点的设计坐标已给出，DE 的设计距离为 8.4 m，现要将建筑物轴线点 C、D、E、F 测设于地面上。拟采用极坐标法放样 C、D 两点。设 A 点高程为 $H_A = 20.000$ m，欲在轴线点 C 上测设出高程 $H_C = 20.100$ m。如图 16.1 所示，图中 $\angle CAB = \alpha, \angle ABD = \beta, AC = d_1, BD = d_2$。

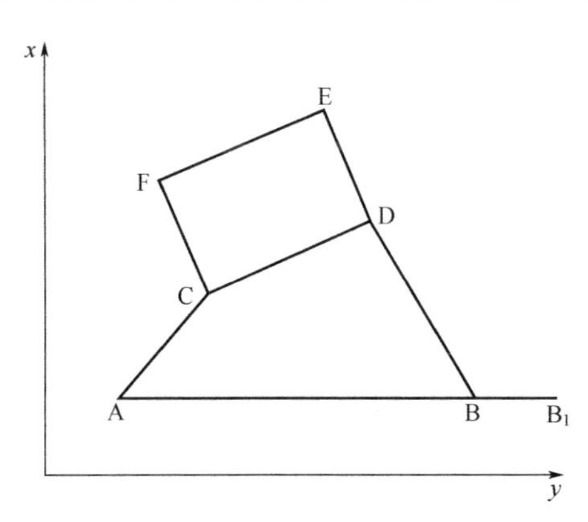

图 16.1　建筑基线测设示意图

表 16.1　已知测设数据

已知点坐标/m			待定点设计坐标/m		
点号	x	y	点号	x	y
A	256.400	310.130	C	268.600	417.230
B	256.400	438.630	D	271.600	437.330

3．操作步骤

1）放样数据的计算；

如图 16.1 所示，在 A 点设站，用极坐标法测设 C 点的放样数据为 d_1 和 a；同理，在 B 点设站放样 D 点的放样数据为 d_2 和 β。

$$\begin{aligned} d_1 &= \sqrt{(x_C - x_A)^2 + (y_C - y_A)^2} = \sqrt{\Delta x_{AC}^2 + \Delta y_{AC}^2} \\ a &= \alpha_{AB} - \alpha_{AC} = 90° - \arctan\frac{y_C - y_A}{x_C - x_A} = 90° - \arctan\frac{\Delta y_{AC}}{\Delta x_{AC}} \end{aligned} \tag{16.1}$$

$$\begin{aligned} d_2 &= \sqrt{(x_D - x_B)^2 + (y_D - y_B)^2} = \sqrt{\Delta x_{BD}^2 + \Delta y_{BD}^2} \\ a &= \alpha_{BD} - \alpha_{BC} = 90° - \arctan\frac{y_D - y_B}{x_D - x_B} = 90° - \arctan\frac{\Delta y_{BD}}{\Delta x_{BD}} \end{aligned} \tag{16.2}$$

上述计算中，已知 Δx_{AC}、Δy_{AC} 求 d_1、α_{AC}，已知 Δx_{BD}、Δy_{BD} 求 d_2、α_{BD}，为坐标反算，可利用计算器的直角坐标转化为极坐标的功能进行计算。

2）轴线放样；

① 在 A 点安置经纬仪，盘左瞄准 B 点，将水平度盘读数配置为测设角度 α，逆时针旋转照准部，当水平度盘读数约为 0°时制动照准部，转动照准部微动螺旋使水平度盘读数为 0°00′00″，在地面视线方向上定出 C′ 点。然后从 A 点在 AC′ 方向上用钢尺量平距 d_1，打一木桩。再在木桩上重新测设角度 α 和平距 d_1，得 C′ 点；同理，盘左在木桩上测设角度 α 和平距 d_1 得 C″ 点，取 C′C″ 的中点 C 的测设位置。

② 在 B 点设站，以同样方法测设出 D 点。不同之处是测设 β 角度时，应先瞄准 A 点，将水平度盘配置为 0°00′00″，再顺时针转到 β 角时即为测设方向。

③ 用钢尺往返丈量 CD，丈量值与设计值的相对误差应小于 1/3 000。若满足精度要求，调整 C、D 点位置，使其等于设计值。

④ 在 C 点设站，测设直角，在直角方向上测设距离 CF = 8.400 m，得到 F 点。

⑤ 在 D 点设站，测设直角，在直角方向上测设距离 DE = 8.400 m，得到 F 点。

3）高程测设；

在 A、C 点中间安置水准仪，读取 A 点的后视读数 a，则 C 点前视应有读数 b 为：

$$b = H_A + a - H_C \tag{16.3}$$

将水准尺紧贴 C 点木桩上下移动，直至前视读数为 b 时，沿尺底面在木桩上画线，则画线位置即为高程测设位置。

将水准尺底面置于画线处设计高程位置，测量 A、C 两点之间高差 h'_{AC} 与设计高差 $h_{AC} = H_C - H_A$ 比较，其差值应在 ±8 mm 范围内。

4．限差要求

测距相对误差不大于 1/3 000，测角中误差不超过 ±30″，高程放样误差不超过 ±8 mm。

5．注意事项

1）放样数据应在实验前事先算好，并要检核无误后方可放样；

2）放样过程中，每一步均须检核，未经检核，不得进行下一步的操作。

二、实验报告

姓名：________________ 学号：________________ 班级：________________

指导教师：____________ 日期：________________

表 16.2　测设数据的计算表

边	Δx/m	Δy/m	平距 D/m	坐标方位角	测设角度
AB				90°	$\alpha=\alpha_{AC}-\alpha_{AB}$
AC					
BD					$\beta=\alpha_{BD}-\alpha_{BA}$
BA				270°	

表 16.3　测设成果的检核

边	设计边长 D/m	丈量边长 D'/m	相对误差（$\Delta D/D$）
CD			
FE			
CF（或 DE）			

实验十七　圆曲线的测设（偏角法和切线支距法）

一、实验要求

1. 目的

1）熟悉圆曲线各元素计算和查表方法；

2）掌握各主点里程推算方法及主点测设程序；

3）掌握用偏角法及切线支距法详细测设圆曲线的计算与施测方法。

2. 任务

1）根据指定的数据计算测设要素和主点里程；

2）测设圆曲线主点；

3）采用偏角法或切线支距法进行圆曲线详细测设。

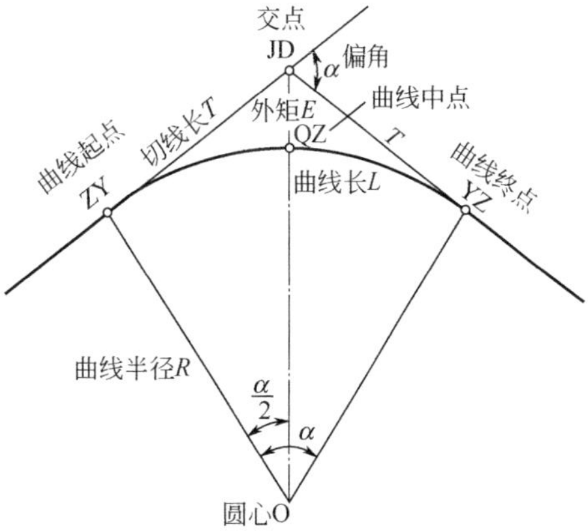

图 17.1　圆曲线要素

3. 操作步骤

1）测设数据的准备；

如果已经转向角 α 和圆曲线半径 R，圆曲线要素（图 17.1）的计算公式如下：

切线长

$$T=R\cdot\tan\frac{\alpha}{2} \tag{17.1}$$

曲线长

$$L = \frac{\pi}{180}\alpha \cdot R \tag{17.2}$$

外矢距

$$E = R \cdot \left(\sec\frac{\alpha}{2} - 1\right) \tag{17.3}$$

切曲差

$$q = 2T - L \tag{17.4}$$

圆曲线主点桩号的计算及检核如下：

ZY 桩号=JD 桩号−T

QZ 桩号=ZY 桩号+$L/2$

YZ 桩号=QZ 桩号+$L/2$= ZY 桩号+L

YZ 桩号=JD 桩号+T−q（检核）

2）主点测设；

测设主点时，在转向点 JD 安置经纬仪，依次瞄准两切线方向，沿切线方向丈量切线长 T，标定曲线的起点 ZY 和终点 YZ。然后再照准 ZY 点，测设角(180°−α) / 2，得分角线方向 JD 至 QZ，沿此方向丈量外矢距 E，即得曲中点 QZ。

3）偏角法进行圆曲线的详细测设；

偏角法（图 17.2）是利用曲线起点（或终点）的切线与某一段弦长 c_i 来确定 P_i 点位置的一种方法。其特点是测点误差不积累。宜以 QZ 为界，将曲线分为两部分进行测设。

$$\Delta_i = \frac{\varphi_i}{2} = \frac{l_i \cdot 90^\circ}{R\pi} \qquad c_i = 2R\sin\Delta_i \tag{17.5}$$

式中，l_i 是 i 至 ZY 点或 YZ 点的弧长；φ_i 为 l_i 所对应的圆心角。

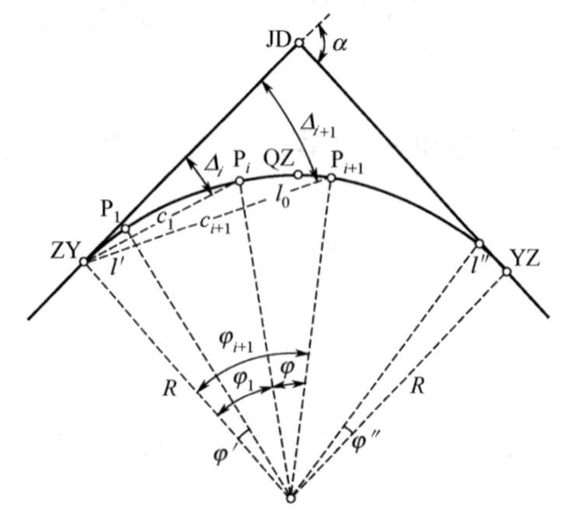

图 17.2　偏角法

步骤：首先按式（17.5）计算曲线上各桩点至 ZY 或 YZ 的弦长 c_i 及其与切线的偏角 Δ_i，再分别架仪于 ZY 或 YZ 点，照准 JD 方向，使水平度盘读数为 0°00′00″，然后拨角 Δ_i，量边 c_i。

需要注意的是，拨角分为正拨和反拨。正拨：偏角增加的方向与水平度盘读数增加方向一致，即顺时针方向旋转拨角；反拨：偏角增加的方向与水平度盘读数增加方向相反，即逆时针方向旋转拨角。若切线方向的水平度盘读数为 0°00′00″，正拨：度盘读数=偏角值；反拨：度盘读数=360°－偏角值。

4）切线支距法（图 17.3）进行圆曲线详细测设。

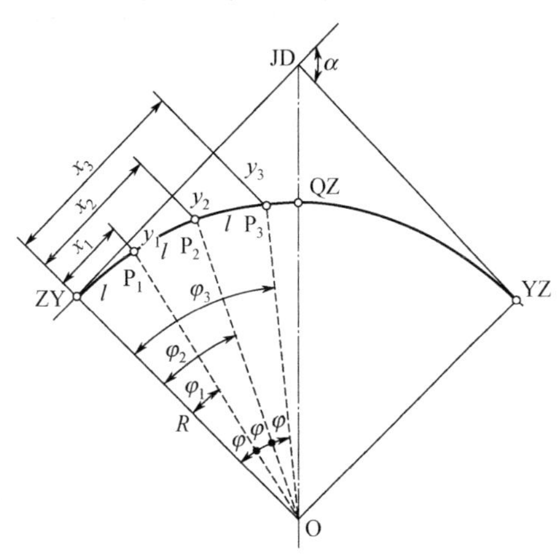

图 17.3　切线支距法

如图 17.3 所示，它是以 ZY 或 YZ 为坐标原点，切线为 X 轴，过原点的半径为 Y 轴，建立坐标系。其中，X 轴指向 JD，Y 轴指向圆点 O。根据曲线上各点$(x,\ y)$测设曲线。该方法适用于地势较平坦的地区，优点为各桩的测设相互独立，不累计误差。i 为曲线上欲测设的点位，其坐标计算如下：

$$
\begin{aligned}
x_i &= R\sin\varphi_i \\
y_i &= R(1-\cos\varphi_i) \\
\varphi_i &= \frac{l_i}{R}\frac{180^\circ}{\pi}
\end{aligned}
\tag{17.6}
$$

式中，l_i 是 i 至 ZY 点或 YZ 点的弧长；R 为圆曲线半径；φ_i 为 l_i 所对应的圆心角。为了保证测设的精度，避免 y 值过长，曲线分两部分测设，即由曲线的起点和终点向中间点各测设曲线的一半，具体步骤：

① 根据曲线桩的详细计算资料，用钢尺从 ZY 点（或 YZ 点）向 JD 方向量取 x_1、x_2 等横距，得垂足 N_1、N_2 等点，用测钎做标记；

② 在各垂足点 N_1、N_2 等处，依次用方向架（或测角仪器）定出 ZY 点（或 YZ 点）切线的垂线，分别沿垂线方向量取 y_1、y_2 等纵距，即得曲线上各桩点 i；

③ 检验：用上述方法测定各桩后，丈量各桩之间的弦长并进行校核。如不符合或超过容许范围，应查明原因，予以纠正。

4．限差要求

对于平原或微丘地区的高速公路，一、二级公路，当纵向相对闭合差≤1/2 000，横向闭合差≤±0.1 m，角度闭合差≤60″，曲线点位一般不再做调整；若闭合差超限，则应查找原因并重测。对于重丘或山岭地区的高速公路，一、二级公路，纵向相对闭合差可适当放宽至1/1 000。

5．注意事项

1）偏角法测设时，拉距是从前一曲线点开始，必须以对应的弦长为半径画圆弧，与视线方向相交，获得当前测设的曲线点。注意偏角的拨转方向及水平度盘读数；

2）切线支距法测设曲线时，为了避免支距过长，一般由ZY点或YZ点分别向QZ点施测；

3）由于切线支距法安置仪器次数多，速度较慢，同时检核条件较少，故一般适用于半径较大、y值较小的平坦地区曲线测设。

二、实验报告

姓名：________　学号：________　班级：________

指导教师：________　日期：________

已知数据：$JD_{里程}$=________；路线转角α=________；圆曲线半径R=________；路线转向=________（左、右）。

表17.1　曲线测设元素及主点里程桩号计算表

$T=$	$ZY_{里程}=JD_{里程}-T=$	草图
$L=$	$YZ_{里程}=ZY_{里程}+L=$	
$E=$	$QZ_{里程}=YZ_{里程}-L/2=$	
$D=$	$JD_{里程}=QZ_{里程}+D/2$	
$L/2=$	$(180°-\alpha)/2=$	

表17.2　偏角法测设圆曲线数据计算表

曲线里程桩号	相邻桩号弧长 l/m	偏角 Δ /° ′ ″	置镜点至测设点的曲线长 C/m	相邻桩点弦长 c/m

表 17.3　切线支距法测设圆曲线数据计算表

里程桩号	各桩至 ZY 或 YZ 的弧长 l_i/m	圆心角 φ_i/° ′ ″	切线支距坐标	
			x / m	y/m

实验十八　圆曲线的测设（全站仪极坐标法）

一、实验要求

1. 目的

1）熟悉圆曲线主点及加密点统一坐标的求解方法；

2）掌握全站仪极坐标法进行曲线测设的一般作业步骤；

3）学会计算机及配套软件的使用。

2. 任务

选定某一曲线，其交点 $JD_{里程}$、坐标、偏角和半径均已知，采用全站仪极坐标法测设曲线主点和详细测设曲线，圆曲线上每 20 m 测设整桩，且采用整桩号法定桩，整百米处加设百米桩。

3. 操作步骤

1）测设数据的准备。圆曲线测设要素以及主点里程的计算与偏角法相同，其他测设数据包括：

① 圆曲线起点 ZY 坐标计算：

$$
\begin{aligned}
X_{ZY} &= X_{JD} + T\cos(A+180°) \\
Y_{ZY} &= Y_{JD} + T\sin(A+180°)
\end{aligned} \tag{18.1}
$$

式中，X_{JD}、Y_{JD} 为 JD 坐标；X_{ZY}、Y_{ZY} 为 ZY 坐标；A 为 ZY 至 JD 的坐标方位角。

② 圆曲线上任意桩号 P 点坐标计算：

$$
\begin{aligned}
X_P &= X_{ZY} + \Delta X = X_{ZY} + 2R\sin\left(\frac{90l}{\pi R}\right)\cos\left(A+\xi\frac{90l}{\pi R}\right) \\
Y_P &= Y_{ZY} + \Delta Y = Y_{ZY} + 2R\sin\left(\frac{90l}{\pi R}\right)\cos\left(A+\xi\frac{90l}{\pi R}\right)
\end{aligned} \tag{18.2}
$$

式中，l 为 P 点到 ZY 点的距离，l=P 点桩号–ZY 桩号；ξ 为转角的符号常数，左转为“–”，右转为“+”。

2）检查内业计算的主点及相关测设数据是否齐全，然后将测设数据通过通信电缆导入全站仪内存中。

3）在开阔的地方根据现场情况选定交点及后视切线方向，交点处架设仪器，在选定的切线方向上测距 T 得 ZY 点，后视 ZY 点拨角 $180° \pm \alpha$，测距 T 得 YZ 点，在分角线方向量取外矢距 E，得 QZ 点。JD、ZY、YZ、QZ 点均打桩标记，作为测设控制点使用。

4）全站仪坐标法测设曲线中线桩。

① 选择测站点（JD、ZY、YZ、QZ 中的任一点），在测站点上架设全站仪，进入平面放样模式，输入测站点号或坐标；

② 选择后视点（JD、ZY、YZ、QZ 中除测站点外的点），输入后视点的点号或坐标，按提示完成定向；

③ 输入待放样点的点号或坐标，全站仪自动计算并显示放样元素；

④ 仪器操作员转动照准部到水平角值 β，指挥持镜员在该方向上约 D m 处设置棱镜；

⑤ 照准棱镜，可得棱镜点实际位置与待测设点理论位置在 x、y 方向上的差值；

⑥ 按提示移动棱镜，重复第⑤步操作，直至棱镜点实际位置与待测点理论位置在 x、y 方向上的差值满足限差要求位置为止；

⑦ 重复③～⑥步，测设出其他所有的曲线点；

⑧ 用钢尺检核相邻点间距是否合格。

4．限差要求

对于平原或微丘地区的高速公路，一、二级公路，中桩位置的测设点位误差 $\leqslant \pm 5$ cm，重丘或山岭地区可放宽至10 m。

5．注意事项

1）注意曲线的转向，以便选取正确的符号函数；

2）在某个主点上完成曲线中线桩的测设后，应在其他主点上进行检验。

二、实验报告

姓名：________________　学号：________________　班级：________________

指导教师：____________　日期：________________

已知数据：$JD_{里程}$=__________；路线转角 α =_________；圆曲线半径 R =____________；路线转向=________（左、右）。

表 18.1　曲线测设元素及主点里程桩号计算表

$T=$	$ZY_{里程}=JD_{里程}-T=$	草图
$L=$	$YZ_{里程}=ZY_{里程}+L=$	
$E=$	$QZ_{里程}=YZ_{里程}-L/2=$	
$D=$	$JD_{里程}=QZ_{里程}+D/2$	
$L/2=$	$(180°-\alpha)/2=$	

表 18.2　主点坐标

主点	X / m	Y / m
ZY		
YZ		
QZ		

表 18.3　圆曲线中线桩坐标计算表

里程桩号	各桩至 ZY 弧长 l_i / m	任意桩号坐标	
		X / m	Y / m

实验十九　带有缓和曲线的圆曲线测设

一、实验要求

1. 目的

1）熟悉圆曲线、缓和曲线主点及加密点测设要素的求解方法；

2）掌握切线支距法、偏角法曲线测设的一般工作步骤。

2. 任务

根据现场的曲线交点及两切线测设一条带有缓和曲线的圆曲线。设某一铁路曲线交点 JD 的里程为 DK8+667.36，偏角 $\alpha_{左}$=26° 02′，在导线坐标系中的坐标（500，500），曲线半径 $R = 200$ m 。缓和曲线长度 $l_s = 30$ m，试分别以切线支距法、偏角法测设该曲线，缓和曲线上每 5 m 定一点，圆曲线上每 10 m 定一点，整百米处加设百米桩。

3. 操作步骤

1）缓和曲线要素（图 19.1）的计算；

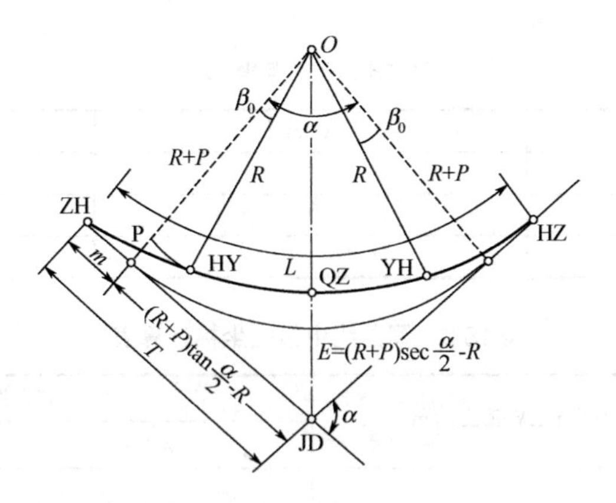

图 19.1　有缓和曲线的圆曲线要素

切线长

$$T = m + (R + P) \cdot \tan\frac{\alpha}{2} - R \tag{19.1}$$

曲线长

$$L = \frac{\pi R \cdot (\alpha - 2\beta_0)}{180} + 2l_0 \tag{19.2}$$

外失距

$$E = (R + P) \cdot \sec\frac{\alpha}{2} - R \tag{19.3}$$

切曲差

$$q = 2T - L \tag{19.4}$$

式中，m 为加设缓和曲线后使切线增长的距离；P 为加设缓和曲线后圆曲线相对于切线的内移量；β_0 为缓和曲线角度。m、P、β_0 称为缓和曲线参数，可按下式计算：

$$\beta_0 = \frac{l}{2R} \cdot \rho$$

$$m = \frac{l}{2} - \frac{l_0^3}{240R^2}$$

$$P = \frac{l_0^2}{24R}$$

2）主点里程计算；

带有缓和曲线的圆曲线主点桩号的计算及检核如下：

ZH 桩号=JD 桩号−T

HY 桩号=ZH 桩号+l_0

QZ 桩号=HY 桩号+$L/2-l_0$

YH 桩号=QZ 桩号+$L/2-l_0$

HZ 桩号=JD 桩号+T（检核）

3）带有缓和曲线的圆曲线的详细测设；

① 切线支距法。切线支距法是以缓和曲线的起点 ZH 或终点 HZ 为坐标原点，以过原点的切线为 X 轴，过原点且垂直于 X 轴的方向为 Y 轴。缓和曲线和圆曲线的各点坐标，均按统一坐标系计算，但分别采用不同的计算公式。

如图 19.2 所示，在缓和曲线段任一点 i 的坐标都可按下式计算：

$$\begin{aligned} x_i &= l_i - \frac{l_i^5}{40R^2L_s^2} \\ y_i &= \frac{l_i^3}{6RL_s} \end{aligned} \tag{19.5}$$

式中，l_i 是缓和曲线上任一点 i 至曲线 ZH 或 HZ 点的曲线长；L_s 是缓和曲线总长。

对于圆曲线段部分，如图 19.2 所示。各点的直角坐标仍和之前的计算方法一样，但坐标原点已移至缓和曲线起点（ZH），因此，原坐标必须相应地加 q、p 值，即圆曲线上任意点 j 坐标为：

$$\begin{aligned} x_j &= R\sin\varphi + q \\ y_j &= R(1-\cos\varphi) + p \end{aligned} \tag{19.6}$$

式中，$\varphi = \frac{l}{R} \cdot \frac{180^\circ}{\pi} + \beta_0$；$l$ 为圆曲线上任一点至 HY 点或 YH 点的曲线长。

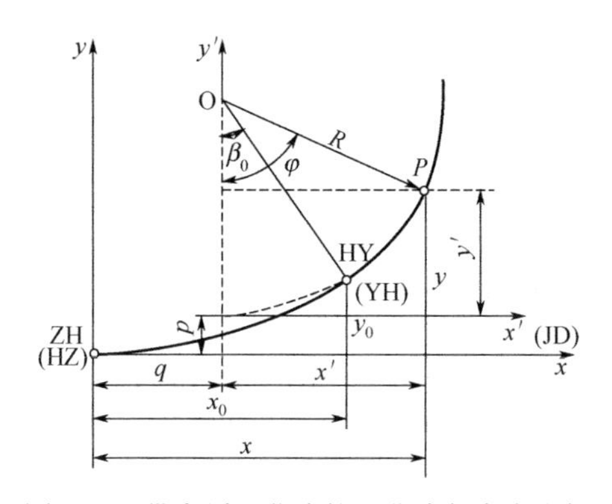

图 19.2　带有缓和曲线的平曲线任意点坐标

在实际工作中，缓和曲线和圆曲线各点的坐标值也可由曲线表查出，其测设方法和圆曲线的切线支距法测设方法完全相同。

② 长弦偏角法。偏角可分为缓和曲线上的偏角和圆曲线上的偏角两部分进行测设。

测设缓和曲线部分，如图 19.3 所示。以缓和曲线的起点 ZH 或终点 HZ 为坐标原点，以过原点的切线为 X 轴，过原点且垂直于 X 轴的方向为 Y 轴。缓和曲线上某点 P 至曲线的起点（ZH 点或 HZ 点）的距离为 c，P 点和原点的连线与 X 轴之间的夹角为 δ_P。它们可以通过切线支距法求出的点的坐标 $P(x,\ y)$ 来进行计算。因 δ_P 较小，所以：

$$\delta_P = \tan\delta_P = \frac{y}{x} \approx \frac{l^2}{6RL_s}$$

则 YH 点或 HY 点的偏角为：

$$\delta_0 = \frac{l^2}{6R}$$

经推导得：

$$\delta_{\mathrm{P}} = \left(\frac{l}{L_s}\right)^2 \delta_0$$

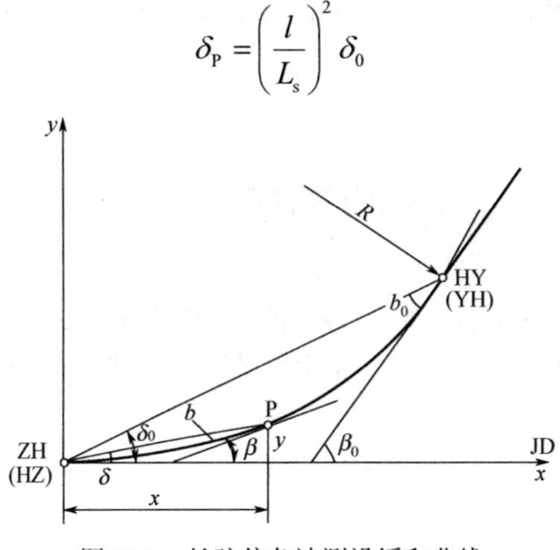

图 19.3　长弦偏角法测设缓和曲线

因此，R、L_s 确定之后，δ_0 为定值。

如图 19.3 所示，长弦偏角法测设缓和曲线和曲线段与用长弦偏角法测设圆曲线一样。首先将仪器置于 ZH 或 HZ 点上，拨出偏角，量出弦长（由于 $c = l - \frac{l}{90R^2 L_s^2}$，可用弧长代替弦长），相交定出一点，再依次测设其他点，直到视线通过 HY 或 YH 点，检验合格为止。

圆曲线各点的测设必须将仪器迁至 HY 或 YH 点进行。所以，只需定出 HY 或 YH 点的切线方向，其测设与前面讲述的无缓和曲线的圆曲线一样。其中：

$$b_0 = \beta_0 - \delta_0 = \beta_0 - \frac{1}{3}\beta_0 = \frac{2}{3}\beta_0 = 2\delta_0 \tag{19.7}$$

置镜 HY（YH），后视 ZH（HZ），配盘 b_0（正拨）或 $360° - b_0$（反拨），旋转照准部使水平度盘读数为 0°00′00″，倒镜即为过 HY（YH）切向方向，自此方向起拨角测设圆曲线直至 QZ。

4．限差要求

对于平原或微丘地区的高速公路，一、二级公路，当采用切线支距法、偏角法测设中线桩时，其闭合差应满足：纵向相对闭合差为≤1/2 000，横向闭合差为≤±0.1 m，角度闭合差≤60″。

5．注意事项

1）计算测设数据时要细心，曲线元素经复核无误后才可计算主点里程，主点里程经复核无误后才可计算各细部桩的测设数据，各桩的测设数据经复核无误后才可进行测设；

2）曲线细部桩的测设是在主点桩测设的基础上进行的，故主点测设要小心；

3）丈量时，尺身要水平；

4）设置起始方向水平度盘读数时要细心；

5）在实验前应计算好测设曲线所需的数据，不能在实验中边算边测，以防出错。

二、实验报告

姓名：________________　　学号：________________　　班级：________________

指导教师：____________　　日期：________________

已知数据：$JD_{里程}$ =__________；X_{JD} =____________；Y_{JD} =____________；路线转角 α =_________；圆曲线半径 R =____________；缓和曲线长 l_s =______________；路线转向=（左、右）。

表 19.1　曲线测设元素及主点里程桩号计算表

$T=$	$ZH_{里程}=JD_{里程}-T=$	草图
$L=$	$HY_{里程}=ZH_{里程}+l_s=$	
$E=$	$QZ_{里程}=HY_{里程}+(L/2-l_s)=$	
$D=$	$YII_{里程}=QZ_{里程}+(L/2+l_s)=$	
$p=$　　$q=$	$HZ_{里程}=YH_{里程}+l_s=$	
$x_0=$　　$y_0=$	$JD_{里程}=QZ_{里程}+D/2=$	

表 19.2　主点坐标

主点	X/m	Y/m
ZY		
YZ		
QZ		

表 19.3　带有缓和曲线的圆曲线中线桩测设数据计算表

测段	桩号	偏角法		切线支距法	
		曲线长 l_i/m	偏角 δ_i/° ′ ″	x/m	y/m
ZH~HY					
HY~QZ					
HZ~YH					

续表

测段	桩号	偏角法		切线支距法	
		曲线长 l_i/m	偏角 δ_i/° ′ ″	x/m	y/m
YH~QZ					

实验二十　线路纵、横断面测量

一、实验要求

1. 目的

1）初步掌握线路纵、横断面水准测量的过程及基本方法；

2）掌握纵、横断面图的绘制方法。

2. 任务

在开阔区域，选定一条长约 300 m 的路线，在两端点钉木桩。用皮尺量距，每 30 m 钉一中桩，并在坡度及方向变化处钉加桩，在木桩侧面标注桩号。起点桩号 0+000，如图 20.1 所示。根据设计资料完成线路纵、横断面水准测量，并绘制纵、横断面图。

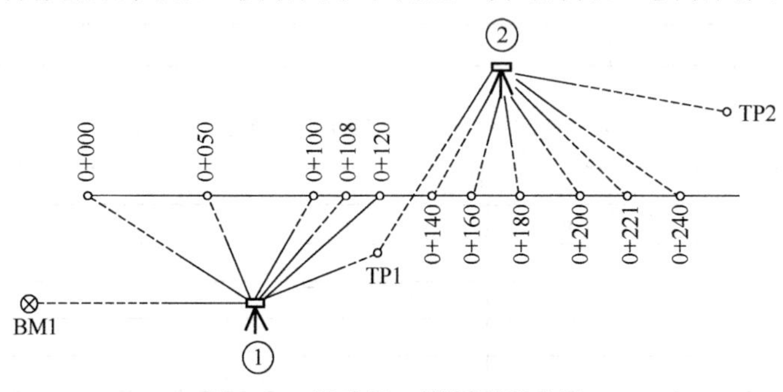

图 20.1　线路纵、横断面示意图

3. 操作步骤

1）纵断面测量；

如图 20.1 所示，水准仪置于第 1 站，后视水准点 BM1，前视转点 TP1，将观测结果分别记入表 20.1 中“后视”和“前视”栏内；然后，观测 BM1 与 TP1 间的各个中桩，将后视点 BM1 上的水准尺依次立 0+000，0+050，…，0+120 等中桩地面上，将读数分别记入表中。

仪器搬至第 2 站，后视转点 TP1，前视转点 TP2，然后观测各中桩地面点，用同法继续向前观测，直至附合到水准点 BM2，完成一测段的观测工作。

每一站的各项计算依次按下列公式进行：

视线高程=后视点高程+后视读数

转点高程=视线高程−前视读数

中桩高程=视线高程−中视读数

各站记录后，应立即计算各点高程，直至下一个水准点为止，并立即计算高差闭合差 f_{h} 。

2）横断面测量；

每人选一里程桩进行横断面水准测量。在里程桩上，用方向架确定线路的垂直方向，在中线左右两侧各测 20 m，中桩至左、右侧各坡度变化点距离用皮尺丈量，读至 dm 位；高差用水准仪测定，读至 cm 位，并将数据填入横断面测量记录表中。

3）纵、横断面图的绘制；

外业测量完成后，可在室内进行纵、横断面的绘制。纵断面图：水平距离比例尺可取为 1∶1 000，高程比例尺可取为 1∶100；横断面图：水平距离比例尺可取为 1∶100，高程比例尺可取为 1∶100。纵、横断面图绘制在格网纸上，横断面图也在现场边测边绘并及时与实地对照检查。

4．限差要求

线路往、返测量高差闭合差的限差应按普通水准测量的要求计算，$f_{\text{h容}}=\pm12\sqrt{n}$，式中 n 为测站数。超限应重新测量。

5．注意事项

1）中视读数因无检核条件，所以读数与计算时，要认真、细致，互相核准，避免出错；

2）横断面水准测量与横断面绘制，应按线路延伸方向画定左右方向，切勿弄错，横断面图绘制最好在现场进行。

二、实验报告

姓名：__________　学号：__________　班级：__________

指导教师：________　日期：__________

表 20.1　中线水准测量记录表

测站	测点	水准尺读数/m			视线高程/m	高程/m	备注
		后视读数	中视读数	前视读数			
							BM：水准点

表 20.2　横断面测量记录表

左侧点号	高差/距离	桩号	右侧点号	高差/距离

第三部分 综 合 实 验

一、实习目的

本课程是非测绘工程专业课程《土木工程测量》的配套实践课程，是学生在掌握了工程测量的专业知识的基础上学习测绘实用技术的必要课程。

本门实践课程专门安排两周的时间进行，通过本次实践课程的学习要求学生达到以下几个目标：

1）学生通过系统的综合实习，把课堂中所学的数字测图知识系统化和深化，使相应的专业知识得到巩固和提高；

2）培养学生动手能力和独立工作能力；

3）掌握数字测图内外业的作业流程和数据处理的方法；

4）对学生进行测量专业教育和工程技术人员应有的品德教育（道德规范和工程责任感）；

5）在实习中，应具有严格认真的科学态度、踏实求是的工作作风、吃苦耐劳的献身精神和团结协作的集体观念。

二、实习内容和要求

本次实习内容主要分为四等水准测量、一级导线测量、数字测图内外业三个部分。下面就相关技术要求进行详细说明。

1. 四等水准测量

要求该测量内外业工作必须严格按照《国家三、四等水准测量规范》（GB/T 12898—2009）执行。相应的读数顺序、观测限差、计算方法、计算结果均应严格参照规范进行。

测站的视线长度、前后视距差、视线高度等均应严格按照表1执行。

表1 测站限差 mm

等级	仪器类型	视线长度	前后视距差	任一测站上前后视距差累积	视线高度	数字水准仪重复测量次数
三等	DS_3	≤75	≤2.0	≤5.0	三丝能读数	≤3次
	DS_1、DS_{05}	≤100				

续表

等级	仪器类型	视线长度	前后视距差	任一测站上前后视距差累积	视线高度	数字水准仪重复测量次数
四等	DS_3	≤100	≤3.0	≤10.0	三丝能读数	≤2 次
	DS_1、DS_{05}	≤150				
注：相位法水准仪重复测量次数可以为上表中数值减少 1 次。所有数字水准仪，在地面震动较大时，应暂时停止测量，直至震动消失，无法回避时应随时增加重复测量次数。						

四等水准测量读数顺序：

1）后视标尺黑面（基本分划）；

2）后视标尺红面（辅助分划）；

3）前视标尺黑面（基本分划）；

4）前视标尺红面（辅助分划）。

测站观测限差按表 2 的规定执行。

表 2　测站观测限差　　mm

等级	观测方法	基、辅分划（黑、红面）读数的差	基、辅分划（黑红面）所测高差的差	单程双转点法观测时，左右路线转点差	检测间歇点高差的差
三等	中丝读数法	2.0	3.0	—	3.0
	光学测微法	1.0	1.5	1.5	
四等	中丝读数法	3.0	5.0	4.0	5.0

往返测高差不符值、环闭合差和检测高差之差的限差应不超过表 3 的规定。

表 3　不符值、环闭合差和检测高差之差的限差　　mm

等级	测段、路线往返测高差不符值	测段、路线的左右路线高差不符值	附合路线或环线闭合差		检测已测测段高差的差
			平原	山区	
三等	$\pm12\sqrt{K}$	$\pm8\sqrt{K}$	$\pm12\sqrt{L}$	$\pm15\sqrt{L}$	$\pm20\sqrt{R}$
四等	$\pm20\sqrt{K}$	$\pm14\sqrt{K}$	$\pm20\sqrt{L}$	$\pm25\sqrt{L}$	$\pm30\sqrt{R}$
注：K 为路线或测段的长度，单位为 km；L 为附合路线（环线）长度，单位为 km；R 为检测测段长度，单位为 km；山区指高程超过 1 000 m 或线路中最大高差超过 400 m 的地区。					

2．一级导线测量

要求该测量内外业工作必须严格按照《工程测量规范》（GB 50026—2007）执行。仪器使用：要求使用 2″级电子全站仪进行导线测量，导线测量过程中大家的岗位要实行轮换制，即每一测站大家循环担任观测员、立镜员和记录员三个角色。

各等级导线测量的主要技术要求，应符合表 4 的规定。

表 4　导线测量有关技术要求

等级	导线长度/km	平均边长/km	测角中误差/″	测距中误差/mm	测距相对中误差	测回数			方位角闭合差/″	导线全长相对闭合差
						1″级仪器	2″级仪器	6″级仪器		
三等	14	3	1.8	20	1/150 000	6	10	—	$3.6\sqrt{n}$	≤1/55 000
四等	9	1.5	2.5	18	1/80 000	4	6	—	$5\sqrt{n}$	≤1/35 000

续表

等级	导线长度/km	平均边长/km	测角中误差/″	测距中误差/mm	测距相对中误差	测回数			方位角闭合差/″	导线全长相对闭合差
						1″级仪器	2″级仪器	6″级仪器		
一级	4	0.5	5	15	1/30 000	—	2	4	$10\sqrt{n}$	≤1/15 000
二级	2.4	0.25	8	15	1/14 000	—	1	3	$16\sqrt{n}$	≤1/10 000
三级	1.2	0.1	12	15	1/7 000	—	1	2	$24\sqrt{n}$	≤1/5 000

水平角方向观测宜采用方向观测法，并应符合表 5 的规定。

表 5　水平角方向观测法的技术要求

等级	仪器精度等级	光学测微器两次重合读数之差/″	半测回归零差/″	一测回 2c 互差/″	同一方向值各测回较差/″
四等及以上	1″级仪器	1	6	9	6
	2″级仪器	3	8	13	9
一级及以下	2″级仪器	—	12	18	12
	6″级仪器	—	18	—	24

边长测量按表 6 的要求执行：

表 6　测距的主要技术规定

平面控制网等级	仪器精度等级	每边测回数		一测回读数较差/mm	单程各测回较差/mm	往返测距较差/mm
		往	返			
三等	5 mm 级仪器	3	3	≤5	≤7	$\leqslant 2(a+b\times D)$
	10 mm 级仪器	4	4	≤10	≤15	
四等	5 mm 级仪器	2	2	≤5	≤7	
	10 mm 级仪器	3	3	≤10	≤15	
一级	10 mm 级仪器	2	—	≤10	≤15	—
二、三级	10 mm 级仪器	1	—	≤10	≤15	

内业计算中数字取位应符合表 7 的要求。

表 7　内业计算中数字取位要求

等级	观测方向值及各项修正值/″	边长观测值及各项修正值/m	边长与坐标/m	方位角/″
三、四等	0.1	0.001	0.001	0.1
一级及以下	1	0.001	0.001	1

3．数字测图内外业

要求数字测图内业采用 CAD 成图；外业采用全站仪测图法。

三、实习成果提交的要求

提交的实习成果应包含以下内容：

小组提交成果有：①四等水准测量原始记录手簿；②四等水准测量闭合计算表；③一级导线测量原始记录手簿；④一级导线闭合计算表；⑤小组考勤表；⑥CAD 成果图（要求 A3 纸打印，注明组号和小组成员名字）。

个人提交成果有：①实习日志；②个人实习总结（组长总结中应包含该组实验的总体情况，以及对每个人的评价和自我评价，要求个人总结不少于 1 000 字）。

四、实习考核标准

考核的依据：实习中的思想表现，出勤情况，对知识的掌握程度，实际作业技能的熟练程度，分析问题和解决问题的能力，任务完成的质量，所交成果资料及仪器、工具爱护的情况，操作考核情况，实习报告的编写水平等。

参 考 文 献

[1] 潘正风，程效军，成枢，等. 数字测图原理与方法 [M]. 2 版. 武汉：武汉大学出版社，2004.

[2] 张正禄，等. 工程测量学 [M]. 武汉：武汉大学出版社，2005.

[3] 顾孝烈，鲍峰，程效军. 测量学 [M]. 4 版. 上海：同济大学出版社，2011.

[4] 王晓明，殷耀国. 土木工程测量 [M]. 武汉：武汉大学出版社，2013.

[5] 孔祥元，郭际明，刘宗泉.大地测量学基础 [M]. 武汉：武汉大学出版社，2006.

[6] 武汉大学测绘学院测量平差学科组. 误差理论与测量平差基础 [M]. 武汉：武汉大学出版社，2006.

[7] 徐忠阳，等. 全站仪原理与应用 [M]. 北京：解放军出版社，2003.

[8] 李征航，黄劲松. GPS 测量与数据处理 [M]. 武汉：武汉大学出版社，2005.

[9] 潘正风，程效军，成枢，等. 数字测图原理与方法习题和实验 [M]. 武汉：武汉大学出版社，2005.

[10] 杨晓云，梁鑫. 建筑工程测量实训教程 [M]. 重庆：重庆大学出版社，2013.